国家自然科学基金项目"乌鲁木齐城市社会空间分异及演变研究"（项目编号：40171113）

中国多民族聚居城市
社会空间结构研究

——以乌鲁木齐为例

雷　军◎编著

科学出版社

北　京

内 容 简 介

本书关注少数民族地区城市社会空间结构特征，从城市、街道、社区、居民四个层次研究了乌鲁木齐城市社会空间结构的变化及其特征。首先，基于对城市社会空间结构、中国多民族城市以及乌鲁木齐城市及空间发展的认识，运用生态因子分析法研究了乌鲁木齐城市人口分异特征和社会空间结构形成的主要影响因子，从乌鲁木齐城市社会空间及其居住空间的历史过程，划分城市社会空间格局和社会区类型。其次，通过社会调查研究了居民日常行为特征和活动规律，探讨了社区设施（商业、医疗、教育、宗教、市政道路等）对居民日常行为和满意度的影响，从微观层面揭示了居民对居住地选择的影响因素，并调查了社区居民邻里交往情况，在一定程度上反映了乌鲁木齐城市居民行为空间和感应空间。最后，提出了乌鲁木齐建设多民族和谐宜居城市的重点。

本书可供城市规划、城市地理和城市研究领域的研究人员阅读和参考，也可作为相关科研院校教师、研究人员和学生的参考书。

图书在版编目(CIP)数据

中国多民族聚居城市社会空间结构研究：以乌鲁木齐为例/雷军编著. — 北京：科学出版社，2016.1

ISBN 978-7-03-046098-1

Ⅰ.①中… Ⅱ.①雷… Ⅲ.①城市空间－空间结构－研究－乌鲁木齐市 Ⅳ.①TU984.245.1

中国版本图书馆 CIP 数据核字（2015）第 252632 号

责任编辑：牛 玲 朱萍萍 吴春花／责任校对：蒋 萍
责任印制：徐晓晨／封面设计：铭轩堂
编辑部电话：010-64035853
E-mail：houjunlin@mail.sciencep.com

科 学 出 版 社 出版
北京东黄城根北街 16 号
邮政编码：100717
http://www.sciencep.com

北京建宏印刷有限公司 印刷
科学出版社发行 各地新华书店经销

*

2016 年 1 月第 一 版 开本：720×1000 B5
2017 年 2 月第三次印刷 印张：12 3/4
字数：242 000
定价：78.00 元
（如有印装质量问题，我社负责调换）

序　言

　　2015 年迎来新疆维吾尔自治区成立 60 周年。60 年来，新疆走过了波澜壮阔的历史进程，取得了举世瞩目的辉煌成就，农牧业经济持续快速发展，门类齐全的现代工业体系和现代交通网络初步建成，物流和旅游业正成为经济发展的新增长点，全区生产总值在 1955 年的基础上增长了 116 倍，各族人民生活水平大幅提高，正在向全面小康的目标阔步前进。60 年来，新疆取得的这些辉煌成就，既与党中央和中央政府的正确领导和亲切关怀分不开，也是新疆各族干部群众顽强拼搏和全国各族人民团结共同奋斗的结果。2014 年中央召开了第二次新疆工作座谈会，习近平总书记在会上强调，新疆将围绕社会稳定和长治久安的总目标，以经济发展和民生改善为基础，以促进民族团结等为重点，推进团结和谐、繁荣富裕的社会主义新疆建设。要实现这一大政方针和远大目标，民族团结是生命线，雷军的《中国多民族聚居城市社会空间结构研究——以乌鲁木齐为例》这本新书，可以说正是新疆发展实现新目标、进入新时代的科学研究代表作。

　　改革开放以来，我国的制度、经济和社会发生了巨大的转变。对城市来说，铮铮向荣的城市经济空间结构和急剧变革的城市社会空间结构都已经出现，新疆（尤其是乌鲁木齐）也不例外。尽管改革的时间与它的悠久历史相比显得微不足道，但这些转变是如此之快，如此之深，它既涉及城市经济繁荣、用地重组，也涉及整个城市社会的转型变化。进行科学研究，准确把握这些变化，才能有效、精准、快速地实现区域和城市的可持续发展。雷军的这本新书主要进行了城市社会空间的研究。

　　城市社会空间，就是由居民、政府、各种社会组织以及物质实体共同组成的空间，是人类的一种主要聚居场所，也是一定阶段城市社会、经济与文化发展水平的反映。由于城市生活中的人类行为和目的赋予了城市社会空间丰富的含义，不同人群的行为场所构成了多样的城市社会空间，在城市社会空间研究中，邻里是基本单位，既是人们交往的主要空间，也是外部力量和地方影响的冲突点。进行城市社会空间研究，存在不同的学派（如景观学派、社会生态学派、区位论学派、行为学派、结构主义学派、时间地理学派等）和不同的研究方法（如景观分析方法、城市填图方法、社会区研究方法和因子分析方法等）。

雷军的这本新书，从社会生态学派的视角出发，基于实证研究，特别关注城市少数民族社会空间，运用生态因子分析法，从城市、街道、社区、居民四个层次对乌鲁木齐城市社会空间结构变化及其特征进行了研究，划分乌鲁木齐城市社会空间格局和社会区类型。同时，该书也运用社会调查方法，通过社区居民邻里交往状况调查，尤其利用宗教、教育、医疗等社区设施对居民的日常行为进行了满意度分析，并对居民日常行为空间特征和活动规律（感应空间）进行了研究，从微观层面揭示了不同民族居民的居住地选择和社区营造的影响因素，为建设乌鲁木齐多民族和谐宜居城市提供了深入、细致的科学依据。

中国是一个多民族国家，新疆更是一个多民族聚居的地区，全区 2014 年总人口为 2322.54 万人，其中维吾尔族、汉族、哈萨克族和回族占 96.98%，其他还有柯尔克孜族、蒙古族、塔吉克族、锡伯族、满族、乌孜别克族、俄罗斯族、达斡尔族和塔塔尔族等，多民族文化塑造了多样的城市文化空间。乌鲁木齐作为西北地区大城市，是丝绸之路经济带发展的重要依托城市，也是新疆维吾尔自治区的政治、经济、文化、科教和金融中心，长期的民族融合形成了民族混居的居住空间格局和多民族多文化相互交融的独特社会文化景观。

该书是在国家自然科学基金项目"乌鲁木齐城市社会空间分异及演变研究"（项目编号：40171113）的研究成果的基础上编著而成的，无论是从城市地理学的科学研究价值还是从城市多民族社会空间融合的社会意义来看，都具有科学里程碑的意义。该书的出版，不仅可以为广大读者了解乌鲁木齐城市社会空间结构提供参考，也能为解决城市社会经济快速发展过程中出现的城市社会问题提供重要的参考，是为序。

2015 年 10 月 18 日于汤山

前　言

城市社会空间是城市与社会的辩证统一体（a socio-spatial dialectic）（Soja，1980）。西方国家对城市社会空间结构的研究最早见于恩格斯对曼彻斯特的工人居住区模式的关注，兴起于 20 世纪 20～30 年代芝加哥学派的三大古典模型——伯吉斯的同心圆模型、霍伊特的扇形模型、哈里斯和乌尔曼的多核心模型。此后，在大量的实证案例的研究积累和总结比较中形成了景观学派、社会生态学派、区位论学派、行为学派、结构主义学派和时间地理学学派等（顾朝林等，2003）。20 世纪 70 年代，城市社会极化、居住分化等研究开始兴起。随着全球化的发展，全球城市正在呈现出越来越细分化的社会空间（Friedmann and Wolf，1982；Pacione，2011）。20 世纪 90 年代末，在人本主义思潮的影响下，学者开始关注人们的购物、休闲空间和生活质量。当前，发达国家的城市已经进入一个新的发展阶段，人口、文化、政治和技术发生了变化，信息化提高，居住分异和社会空间隔离更复杂，城市空间变得更加破碎化，城市社会空间结构研究趋于多元化（宣国富等，2010）。

改革开放以来，中国开始进入社会、经济的快速转型期。对转型期中国城市社会空间分异和重构的研究成为国内众多学者关注的焦点（李健和宁越敏，2008；徐旳等，2009a；周春山和叶昌东，2013）。其中，系统的中国城市社会空间结构实证研究的案例主要集中在广州、北京、上海、南京、南昌、西安、兰州、武汉和长春等城市。但是针对不同城市研究提出的城市社会空间结构模式，仅仅代表特定地域城市的属性，不具有普遍性。

中国是一个多民族国家，乌鲁木齐作为西北地区大城市，是丝绸之路经济带发展的重要依托城市，是新疆维吾尔自治区的政治、经济、文化、科教和金融中心。在中国共产党民族平等、团结、互助的政策下，乌鲁木齐最终形成了民族混居的居住格局（黄达远，2011）。从民族聚居到多民族混居的历史发展轨迹，形成了现今乌鲁木齐多民族多文化相互交融的独特社会、文化景观。

基于中国城市社会空间的实证研究尚需拓展和深入，作者试图为中国城市社会空间研究提供一个实证案例，希望能够为构建具有中国特色的城市社会空间结构理论体系提供实证资料；期待广大读者了解乌鲁木齐城市社会空间结构模式；期待能够为解决城市社会经济快速发展过程中出现的城市社会问题提供参考借鉴，并有助于优化城市社会空间结构，调控社区的规划与建设。

本书是在国家自然科学基金项目"乌鲁木齐城市社会空间分异及演变研究"（项目编号：40171113）研究成果的基础上编著而成的。非常感谢我的两位博士生导师——中国科学院地理科学与资源研究所的鲁奇研究员和中国科学院新疆生态与地理研究所的张小雷研究员。中国科学院地理科学与资源研究所的方创琳研究员和新疆财经学院的高志刚教授等对我的科研工作进行了长期的指导和帮助。感谢中国科学院新疆生态与地理研究所毕业的卢思佳硕士和段祖亮博士在国家自然科学基金项目立项中给予的帮助；感谢张利硕士和王建峰硕士积极参与项目的执行和本书的编辑出版工作；感谢乌鲁木齐市城乡规划设计研究院蔡美权总工、原新疆维吾尔人口和计划生育委员会的闫志武巡视员和张宏苗处长、中国城市规划设计研究院的李海涛主任、中国科学院新疆生态与地理研究所的吴世新研究员对我数据资料获取提供的帮助和支持；感谢我的学生英成龙、杨振和贾晓婷给予的帮助。还要感谢新疆财经大学的刘雅轩副教授、中国科学院地理科学与资源研究所的鲍超副研究员、杨宇博士和高超博士，中国人民大学的傅娟博士，中国科学院新疆生态与地理研究所的董雯博士、张新焕博士以及我的已毕业的学生曾玮瑶、温可、齐胜达硕士的帮助。

真诚感谢中国地理学会城市地理专业委员会主任、清华大学顾朝林教授百忙之中为本书写序，感谢科学出版社及该社的牛玲和朱萍萍编辑为本书的编辑出版付出的努力和贡献。最后，还要感谢我的家人和朋友们对我工作的长期支持。

中国正处在城市化快速发展时期，城市社会空间研究在数量、深度和尺度上不断加强和深化。本书引用了很多前人的研究成果，如有引用不当和遗漏之处，请见谅！

雷　军

2015 年 8 月

目　　录

第一章　绪　　论

第一节　城市社会空间结构

一、城市社会空间

自 19 世纪末法国学者迪尔凯姆（E. Durkheim）提出社会空间（social space）为群体居住区域以来，不同学者对其有不同的解释。例如，西方马克思主义和地理学家认为社会空间是人类活动的产物，法国学者洛韦（C. D. Lauwe）认为是个人行为和网络组织的产物，部分地理学者强调了地区空间，还有学者认为社会空间是文化标志（李小建，1987）。

城市社会空间是城市与社会的辩证统一体（a socio-spatial dialectic）（Soja，1980）。城市是生态、经济和文化相互作用的综合产物（戈瓦斯特和沈佳，2007）。"物以类聚，人与群分"，城市社会由不同种族、不同民族、不同阶层、不同职业及不同文化背景的人群组成。从城市的地理空间角度，可以将城市简要地分为物质空间、经济空间和社会空间（柴彦威，2000）。我国城市地理学家许学强认为地理学的社会空间近似洛韦的观点，但是具有明显的地域意义，最小单元为家庭，较大的为邻里（neighborhoods）、社区（community），最大的为城市区域甚至国家。20 世纪 50 年代，城市社会区（urban social area）由赛克和威廉姆于 1949 年在《洛杉矶的社会区》一书中提出（Shevky and Williams，1949；顾朝林等，2003），之后的西方研究者将主成分分析和因子分析技术引入城市社会区分析逐渐发展成为城市社会空间结构的研究范式之一，至今仍发挥着重要的作用（徐旳等，2009a）。城市社会空间通常表现出邻里、社区与社会区三个层次（郑静等，1995）。邻里是城市社会的基本单元，是相同社会特征人群的汇集；社区是占据一定区域，彼此相互作用，不同社会特征的人类生活共同体；社会区是占据一定地域，具有大致相同的生活标准、生活方式及相同社会地位的同质人口的汇集。生活在不同社会区的人具有不同的社会经济特征、观念和行为（许学强等，1997）。一个城市可能存在多个社会区，每个社会区由数个社区构成，每个社区又由数组邻里构成。城市社会空间结构正是由这些不同层次的社会地域单元所构建和体现的（刘洋，

2004；图 1-1）。

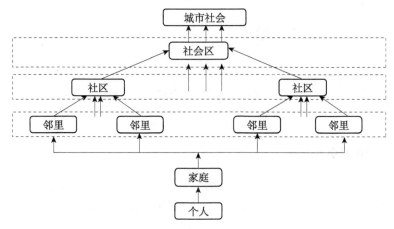

图 1-1　地理学研究城市社会内部的三个空间层次
资料来源：刘洋，2004

　　城市社会空间结构一直是现代西方城市社会地理学研究的主要内容之一，在第二次世界大战后获得长足发展。在长期的发展过程中，西方城市社会空间结构的研究形成了景观学派、社会生态学派、区位论学派、行为学派、结构主义学派和时间地理学派等（顾朝林等，2003）。城市问题的不断产生与变化驱动着城市社会空间结构模型研究。城市社会空间结构模型主要分析城市中的社会问题和空间行动，揭示城市中社会组织和社会运行的时空过程和时空特征（马仁峰等，2008），模型可以从整体上、宏观上反映和把握城市社会空间变迁规律（杨上广，2006）。城市社会空间结构的研究最早见于恩格斯对曼彻斯特的工人居住区模式的关注，兴起于 20 世纪 20～30 年代芝加哥学派的三大古典模型——伯吉斯的同心圆模型（Burgess，1925）、霍伊特的扇形模型（Hoyt，1939）、哈里斯和乌尔曼的多核心模型（Harris and Ullman，1945；Jackson，1996）（图 1-2）。20 世纪 70 年代，城市社会极化、居住分化等研究开始兴起。20 世纪 90 年代末，在人本主义思潮的影响下，学者开始关注人们的购物、休闲空间和生活质量。城市内部社会空间结构模型研究最初用的是因子生态分析方法（factorial ecology analysis），该方法由北美地理学家贝尔（Bell，1955）和范·阿斯多（van Arsdol，1958）创立（虞蔚，1986），采用统计数学中的因子分析，对城市内部每个统计小区的社会、经济、文化、居住和人口统计方面的大量数据进行定量分析和归纳，概括提取出形成城市社会空间的主要因子及其作用的空间特征来解释城市社会空间的实质。我国学者徐昉把基于因子生态分析方法的西方城市社会空间结构研究划分为四个阶段：20 世纪 50 年代 "社会区" 概念提出，分析应用于城市内部空间结构领域，研究范式完善阶段；20 世纪 60～70 年代末发达国家和地区的城市空间结构实证案例积累阶段；20 世纪 80 年代初至 90 年代末城市社会空间研究范围和深度不断扩大，涉及不同国家和地区的比较，注重城市社会空间结构的演化过程；20 世纪 90 年代后呈现多元化的发展趋势。不同文化背景的城市，其社会区形态有时会截然不同（郑静等，1995）。

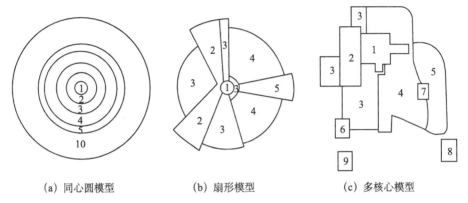

(a) 同心圆模型　　　　(b) 扇形模型　　　　(c) 多核心模型

1-中央商务区　2-批发、轻工制造业区　3-低收入阶层住宅区　4-中产阶层住宅区　5-高收入阶层住宅区　6-重型制造业区　7-外围商务区　8-郊区住宅区　9-郊区工业区　10-通勤区

图 1-2　城市社会空间结构的三个经典模型

资料来源：Bourne，1997

随着中国城市建设和城市化的快速发展，国内研究者对中国城市社会空间结构的探讨不断增多，尤其是改革开放以来，中国社会经济开始进入转型期，中国城市社会空间分异和重构的研究成为关注的焦点（李健和宁越敏，2008；徐昀等，2009b；周春山和叶昌东，2013）。基于城市社会分化所形成的城市社会空间结构在城市地域空间上最直接的体现是居住区的地域分异（艾大宾和王力，2001），城市社会空间结构是城市社会分化在地域空间上的表现，是城市居民活动空间、居住空间和感应空间等多种空间形态的复合与重构。随着中国经济体制改革的深化，中心城市的社会问题日益突出，必须重视城市社会空间结构研究，尤其是居住分异和社区的阶层化趋势。城市社会空间结构研究已经逐步从传统的邻里、社区和社会区域的研究逐渐发展到居住空间、社区分异、感应空间和生活活动空间的研究（王开泳等，2005）。

二、西方城市社会空间结构[①]

1. 北美国家和澳大利亚主要城市社会空间结构

1949 年，Shevky 首次明确提出城市"社会区"的概念（Shevky and Williams，1949），利用 1940 年洛杉矶人口普查数据中的职业、受教育程度、生育率、女性从业人口、年轻无子女家庭、住房类型、黑人/其他人种/外来白种人人口七个人口统计指标，采用聚类分析方法划分经济状况、家庭状况和种族三类城市社会区。这种社会区分析随后应用于城市内部空间结构领域。Bell 利用 1940 年洛杉矶和旧金山 570 个街区人口属性数据（Bell，1955），van Arsdol 等对美国 1950 年的 10 个大城市（俄亥俄州的阿克伦、乔治亚州的亚特兰大、亚拉巴马州的伯明翰市、密苏里州的堪萨斯城、肯塔基州的路易斯维尔、明尼苏达州的明尼阿波利斯、俄勒冈州的波特兰、罗德岛州的普罗维登斯、纽约的罗彻斯特、华盛顿的西雅图）的 767 个街区单元人口数据（van Arsdol，1958），McElrath 和 Barkey 基于 1960 年芝加哥市人口资料，Sweetser 基于 1961 年和 1962 年波士顿城市人口资料，归纳总结出社会经济状况、家庭状况和种族状况是城市社会空间分异的主因子，验证了 Shevky 的结论。Anderson 和 Bean 选取俄亥俄州托莱多市 1950 年的 55 个人口普查街区数据，研究发现，经济状况、家庭状况、种族和城市化是该市社会空间分异的主因子（Anderson and Bean，1961）。Anderson 和 Egetand 基于 1950 年人口普查数据分析了俄亥俄州的阿克隆和达顿市及印第安纳州的雪城的社会空间分异主因子为经济状况和家庭状况。Schmid 和 Tagashira 基于 1960 年西雅图人口普查数据进行因子分析得到城市社会空间结构分异的主因子有经济状况、家庭状况、种族和男性人口四个（Schmid and Tagashira，1964）。Berry 和 Tennant 对伊利诺斯东北部地区 1960 年 50 个人口社会经济指标进行因子分析得到影响城市社会空间的社会经济状况、家庭状况、种族、郊区人口密度和住房空置率五个主因子（Berry and Tennant，1965）。Carey 对纽约曼哈顿地区 1960 年 33 个人口及住房等的分析结果，认为曼哈顿地区城市社会空间分异的主因子是一般居民居住因子、波多黎各人、中等收入黑人、低密度居住过渡区和西部公寓住房五个。Jones 基于 1961 年澳大利亚堪培拉 58 个人口统计指标初步筛选 40 个指标，再进一步筛选出 24 个人口属性数据分析得出堪培拉社会空间分异的主因子为种族、人

[①] 内容主要参考：徐旳，朱喜钢，李唯.2009.西方城市社会空间结构研究回顾及进展.地理科学进展，28（1）：93-102。

口年龄和居住状况。并说明 1961 年后，堪培拉城市社会空间分异受城市产业结构调整、住房短缺、私有建筑增值等的影响而发生改变（Jones，1965）。Davies 和 Murdie 利用 1981 年 24 个加拿大都市区（CMAS）的 3000 个街区数据，按照城市人口规模划分进行不同等级城市的因子分析，发现经济状况、城市贫困、种族属性、传统/现代家庭、家庭/年龄、青年人口因子、非家庭因子（non-family）、住房因子及移民九个主因子，能够反映 85% 的分析变量特征，表明加拿大不同人口等级规模城市主因子构成较为一致，同时发现北美城市种族和少数移民族群的变化是导致城市空间分异日趋复杂的主要原因（Davies and Murdie，1991）。

随着城市社会空间因子生态分析研究范围和深度的扩大，更加注重不同时间断面的城市社会空间结构演化过程。Murdie 对多伦多 1951 年 86 个人口指标和 1961 年 78 个人口指标进行因子分析，并筛选出两个年度共有的 56 个指标进行比较，研究表明种族因子在 1951 年作为单一因子存在而到 1961 年开始分化为意大利人、犹太人两个种族因子，表明多伦多市国际化、多元文化共存的特点逐渐形成（Murdie，1969）。Perle 对美国底特律都市区 1960 年和 1970 年两个年度的 459 个街区的社会空间结构分异研究表明，1960 年的主因子为家庭状况、社会经济状况、种族与隔离及老年居住四个，1970 年主因子构成中种族与隔离因子的载荷大幅增加，家庭状况、社会经济状况因子的载荷明显下降，老年居住因子则被女性劳动力就业因子所取代（Perle，1981）。Hunter 对芝加哥 1930 年、1940 年、1950 年和 1960 年 75 个城市街区的人口属性数据对比分析，认为美国城市社会空间结构分异的最主要因子仍为社会经济状况因子，家庭状况因子的比重不断下降，但种族因子的比重逐渐上升（Hunter，1982）。

随着城市社会空间分异的变化，城市社会空间结构主因子也分别呈扇形、同心圆及多边形分布。

2. 欧洲发达国家主要城市社会空间结构

欧洲发达国家和地区的主要城市社会空间结构分异研究表明：各个城市的主因子虽有不同，但是社会经济、家庭、种族和城市化等因子影响较大，在影响程度上有所差异（表 1-1）。Davies 对英国城市加迪夫 1971 年 541 个街区、20 个城市次级行政区两个不同层级空间单元的人口属性数据进行比较分析表明，尽管基于不同空间单元，但主因子构成基本一致（Davies and Lewis，1983）。

此外，Rowland 对莫斯科 1979 年和 1989 年街区人口数据研究表明：民族、年龄、性别和受教育程度是造成莫斯科城市社会空间分异的主因子，其社会区空间结构格局变化显著受莫斯科城市住房、人口增长及城市人口移民政策的影响（Rowland，1992）。

从表 1-1 中的欧洲城市看，除芬兰的赫尔辛基和法国的里昂城市社会空间受族裔因素影响较强外，其他城市都较弱。例如，英国的纽卡斯尔和意大利的罗马与美国城市相比，社会空间分异在社会经济和家庭状况表现明显，种族因素的空间差异相对微弱。

表 1-1 欧洲主要城市社会空间结构实证案例及研究结论

对象城市 （国别）	研究者 （年份）	人口指标 选取年度	选取 指标 （个）	空间 单元 （个）	主因子 解释系 数（%）	主因子构成
罗马 （意大利）	McElrath (1962)	1951 年	21	354	—	①社会地位；②家庭结构
纽卡斯尔 （英国）	Herbert (1967)	1961 年	33	101	—	①社会地位；②家庭结构
加迪夫 （英国）	Davies 和 Lewis (1983)	1971 年	—	541	—	①社会经济；②家庭生命周期；③土地所有权属；④年轻人；⑤城市边缘
莫斯科 （俄罗斯）	Rowland (1992)	1979～1989 年			—	①人口；②年龄；③性别；④受教育程度
阿姆斯特丹 （荷兰）	Gastelarrs 和 Beek (1972)	1960～1965 年	31	65	73.7	①社会地位；②城市化；③家庭结构；④宗教因子
巴塞罗那 （西班牙）	Ferras (1977)	1969～1970 年	15	128	73.8	①社会地位；②住房与人口年龄因子
伯尔尼 （瑞士）	Gachter (1978)	1970 年	65	165	64.2	①社会地位；②国外移民；③家庭规模；④住房类型
布鲁塞尔 （比利时）	Kesteloor (1980)	1970 年	48	512	65.2	①社会地位；②内城街区；③住房因子；④城市就业；⑤人口年龄与生育状况
哥本哈根 （丹麦）	Matthiessen (1972)	1965 年	20	242	71.0	①社会地位；②非家庭因子；③住房；④相关活动比率；⑤年轻人因子
赫尔辛基 （芬兰）	Sweetser (1962)	1960～1961 年	42	70	92.4	①社会地位；②族裔因子Ⅰ；③居住结构；④定居家庭结构；⑤族裔因子Ⅱ

续表

对象城市 （国别）	研究者 （年份）	人口指标 选取年度	选取 指标 （个）	空间 单元 （个）	主因子 解释系 数（%）	主因子构成
里昂 （法国）	Jones （1982）	1975 年	23	173	71.5	①经济与种族状况；②家庭生命周期；③种族与家庭生命周期；④住房；⑤生活质量
美因兹 （原西德）	Kreth （1977）	1970～1975 年	50	100	36.7	①就业状况；②年龄与家庭结构
威尼斯 （意大利）	Lando （1978）	1971 年	38	134	64.0	①社会地位；②城市就业；③人口特征；④住房类型；⑤城市新区
维也纳 （奥地利）	Sauberer 和 Cserjan （1972）	1959～1967 年	35	212	77.0	①社会地位因子Ⅰ；②人口年龄结构；③社会地位因子Ⅱ；④城市郊区化；⑤非居住类型房屋

资料来源：徐旴等，2009b

3. 其他发展中国家城市社会空间结构

20 世纪 90 年代末，随着西方发达资本主义国家的城市转型，通过全球化进程促使中东欧及中国等社会主义国家的城市不断转型或重构，社会空间结构实证研究区域逐渐扩展到南美、东南亚、中东欧和中国等发展中国家（或地区）和社会主义转型国家的城市。John 等根据 1986 年、1996 年开罗街区人口生育数据分析发现：社会阶层/人力资本、街区性质差异、决定生育等相关因子是导致开罗城市生育空间差异的主因子（John，2004）。Helene 对 1990 年、2000 年墨西哥城市普埃布拉的街区人口属性指标进行因子生态分析后发现：1990～2000 年，由于城市内城街区更新计划的实施，高社会经济阶层空间集中分布有减弱的趋势（Helene，2004）。转型期，中东欧各国城市空间结构研究主要集中在绅士化、封闭社区及城市总体空间形态、郊区化与城市空间蔓延等的研究（魏立华和闫小培，2006；王丹，2011）。

三、中国城市社会空间结构

中国城市社会空间结构研究大致可以分为两个阶段：1980 年以来的研究兴起阶段和 1996 年至今的研究丰富及学科逐步独立阶段（易峥等，2003）。虞蔚定性地分析了 20 世纪 80 年代至 90 年代中期上海中心城社会空间的特点、形成条件及与城市规划的关系（虞蔚，1986）。许学强等对广州城市社会空间结构因子和社会区进行了研究（许学强等，1989；郑静等，1995）。柴彦威以单位为基础探讨了兰州市内部生活空间结构（柴彦威，1996），薛凤旋研究了北京的社会区类型（薛凤旋，1996），顾朝林和克斯特洛德探讨了北京社会极化的动力机制及发展趋势（顾朝林和克斯特洛德，1997）。改革开放以来，中国城市空间结构面临关键转型，转型期中国城市内部的人口、经济和社会等要素都经历了巨大的变化和空间重构，空间结构变得更加复杂（冯健和周一星，2003c，2008），因而转型期中国城市内部空间重构已成为新时期城市地理学者所关心的重要问题，中国城市社会空间研究日益受到重视，研究数量不断增多，深度不断加强（李健和宁越敏，2008；徐旳等，2009b；周春山和叶昌东，2013）。

吴启焰等基于小尺度第五次人口普查数据的南京旧城区社会空间分异研究，以南京旧城区为研究案例，首次通过匹配内城区居委会地图和第五次人口普查数据，揭示居委会尺度下的南京旧城区社会空间隔离特征（吴启焰等，2013）。

中国城市社会空间因子与社会形势密切相关，社会区类型越来越多样化，社会区构成则经历了由单一到混杂的变化。1978 年以前，中国城市内部结构的形成受社会主义意识形态、政府调控和经济规划影响较大（Yeh and Wu，1995）。自 1984 年住房制度和土地制度改革以来，使城市社会空间发生了很大变化（许学强等，1989；顾朝林等，2003；周春山和叶昌东，2013）。20 世纪 80 年代初中国城市内部空间结构模式具有典型的同质性特点，带有计划经济色彩，而 90 年代末的模式则是市场经济发展的产物，异质性特征突出，而且带有多中心结构特点（冯健和周一星，2007）。其中系统的中国城市社会空间结构实证研究的案例主要集中在广州（许学强等，1989；郑静等，1995；周春山等，2006；魏立华和闫小培，2006）、北京（薛凤旋，1996；顾朝林和克斯特洛德，1997；顾朝林等，2003，2007；Gu et al.，2005；冯健和周一星，2003a，2003b，2008；冯健，2005）、上海（虞蔚，1986；Wu and Li，2005；李志刚和吴缚龙，2006；Li，2008；宣国富等，2006）、南京（吴启焰和崔功家，1999；吴启焰，2013；徐旳等，2009a）、南昌（吴骏莲等，2005）、西安（王兴中，2000；邢兰芹等，2004；邹小华，2012）、兰州（柴彦威，1996；陈志杰和张志斌，2015）、武汉（刘苏衡，2008）、长春（庞瑞秋等，2008；黄晓军等，2010）和乌鲁木齐（张利等，2012；雷军等，2014a）等城市。

中国城市社会空间的研究大多是以街道为基本空间单元的 1982 年、2000 年和 2010 年历次人口普查数据，也有用房屋普查数据（薛凤旋，1996），采用因子分析和聚类分析技术研究社会空间结构及其演化，并进一步揭示城市社会空间结构的演化及发展机制的变化。研究表明，不同的城市，不同时期，其社会空间结构的主因子、社会区类型、模式及其形成机制均发生了较多的变化（表1-2）。

表1-2 中国主要城市社会空间结构实证案例及研究结论

对象城市	研究者（年份）	人口指标选取年度	选取指标（个）	空间单元（个）	主因子解释系数（%）	主因子构成
北京	顾朝林等（2003）	1998年	32	109	70.37	①土地利用强度；②家庭状况；③社会经济状况；④种族状况
	冯健和周一星（2003）	1982年	42	188	79.58	①工人干部人口；②农业人口；③知识分子；④采矿工人
		2000年	74	240	77.95	①一般工薪阶层；②农业人口；③外来人口；④知识阶层和少数民族；⑤居住条件
上海	祝俊明（1995）	1990年	113	119	69.04	①文化构成；②人口的密集程度；③性别和职业构成；④外来暂住人口；⑤居住条件；⑥婚姻状况
	李志刚和吴缚龙（2006）	2000年	73	128	51.85	①外来人口；②离退休和下岗人员；③工薪阶层；④知识分子
广州	郑静等（1995）	1990年	47	91	74.70	①城市开发进程；②工人干部比重；③科技文化水平；④人口密集程度；⑤农业人口比重
	周春山等（2006）	1985年	67	93	51.80	①人口密集程度；②科技文化水平；③工人干部比重；④房屋住宅质量；⑤家庭人口构成
		2000年	200		65.80	①人口密集程度；②文化与职业状况；③家庭状况与农业人口比重；④不在业人口比重；⑤城市住宅质量
香港	Lo（1986）	1961年	28	27	84.34	①高收入海外人士；②低收入白领及蓝领；③老年工作者；④年轻的移民；⑤种族；⑥性别
		1971年			85.15	①高收入非广东人士；②低收入蓝领人士；③高收入海外人士；④公共屋村居民；⑤性别
	Lo（2005）	1981年	95	—	—	①低收入蓝领人士与高收入职员；②新大陆移民；③老年人与年轻人；④个体农民或渔民；⑤私人建房的中国内地租客和转租人；⑥白领人士；⑦东南亚人；⑧幼儿
		2001年	105	139	89.00	①蓝领、白领与高收入职员；②外来人与当地人；③老年人与香港年轻人；④中国内地移民与公共村村居民；⑤城乡差别；⑥住房规模
南京	徐旳等（2009b）	2000年	95	120	75.72	①外来人口因子；②农业人口因子；③城市住宅因子；④文化程度、职业状况因子；⑤城市失业人口因子
天津	马维军等（2008）	2000年	58	188	73.21	①城市发展水平；②人口年龄结构；③城市开发进程；④家庭规模
南昌	吴骏莲等（2005）	2000年	63	34	85.74	①住房状况；②文化与职业状况；③家庭状况；④外来人口状况

续表

对象城市	研究者（年份）	人口指标选取年度	选取指标（个）	空间单元（个）	主因子解释系数（%）	主因子构成
长春	庞瑞秋等（2008）	2000年	41	67	74.08	①知识分子阶层；②一般工薪阶层；③制造业和低端服务业一般员工阶层；④低素质的蓝领阶层；⑤从事交通运输业的外来人口阶层
长春	黄晓军（2013）	1982年	34	27	81.52	①一般工薪阶层社会区；②知识分子社会区；③产业工人社会区
长春	黄晓军（2013）	2000年	60	60	80.56	①一般工薪阶层居住区；②居住密集拥挤的老城区；③制造业工人聚居区；④高社会经济地位人群聚居区；⑤近郊外来务工人员居住区；⑥远郊农业人口居住区
西安	邹小华（2012）	2000年	56	62	74.72	①人口密度；②家庭与人口构成；③住房质量；④农业人口比重；⑤商业、服务业人口比重；⑥外来人口比重
乌鲁木齐	张利等（2012）	1982年	30	27	68.90	①普通工人；②机关、事业单位及商业工作人员；③少数民族及农业人口
乌鲁木齐	张利等（2012）	2011年	30	61	84.93	①少数民族人口；②知识分子；③普通工人及退休人员；④机关干部、高级管理与服务人员；⑤疆外流动人口；⑥农业人口
沈阳	张国庆（2014）	2010年	45	132	72.44	①一般工薪阶层；②农业人口；③外来人口；④知识阶层；⑤居住条件
兰州	陈志杰和张志斌（2015）	2015年	38	49	87.81	①机关干部与技术人员集中区；②流动人口集中区；③工人及低收入人口聚居区；④少数民族人口聚居区；⑤高学历人口集中区；⑥郊区农业人口聚居区

中国城市的社会空间分异在程度上与西方城市存在根本的差异。转型期中国城市空间结构异质性特征突出，带有多中心结构特点，主要有五种城市空间结构模式：圈层结构、带状结构、放射结构、多核网络结构和主城-卫星城结构（周春山和叶昌东，2013；周春山，2007）；中国城市社会极化和空间极化加剧，人口迁移呈现相对向心特征；这一现象主要受社会经济变革、城市职能的重新定位、跨国资本的增加、高科技产业的发展和大量流动人口等因素的影响，政府的影响作用在弱化，市场的影响作用则在增强（顾朝林和克斯特洛德，1997）。

第二节 中国多民族聚居区域

一、中国多民族聚居省（自治区、直辖市）

1. 中国民族人口规模

目前，全世界有近200个国家，其中90%以上都是多民族国家。我国是一个多民族国家。各民族中，汉族人口最多，其他民族人口相对较少，习惯上被称为"少数民族"。在长期的历史发展过程中，各民族都创造了丰富多彩、特色鲜明的文化。各民族长期交往，形成"大杂居，小聚居"的分布格局。2010年全国第六次人口普查（简称"六普"）表明（表1-3），2010年中国内地31个省（自治区、直辖市）总人口为13.397亿人，其中汉族人口为12.259亿人，占总人口的91.51%；各少数民族人口为11.379亿人，占总人口的8.49%。我国人口数在1000万人以上的少数民族有壮族、回族、满族和维吾尔族。壮族主要聚居在广西、云南和广东等省（自治区）；回族聚居在宁夏、甘肃、河南、新疆、青海、云南、河北、山东、安徽、辽宁、北京、内蒙古、天津、黑龙江、陕西、贵州、吉林、江苏和四川19个省（自治区、直辖市）；满族主要聚居在我国北部的辽宁、河北、黑龙江、吉林、内蒙古、北京等省（自治区、直辖市）；维吾尔族主要集中在我国西北的新疆。人口总数在500万～1000万人的少数民族主要有苗族、彝族、土家族、藏族和蒙古族，其中苗族主要分布在贵州、湖南、云南、广西、重庆、湖北和四川7省（自治区、直辖市）；彝族主要分布在云南、四川和贵州省；土家族主要分布在湖南、湖北、重庆和贵州省（直辖市）；藏族主要分布在西藏、四川、青海、甘肃和云南等省（自治区）；蒙古族主要分布在内蒙古、辽宁、吉林、河北、黑龙江和新疆等省（自治区）。

表1-3　全国第六次人口普查少数民族人口规模及其主要分布地区

民族	人口数（万人）	分布主要地区	民族	人口数（万人）	分布主要地区
壮族	1692.64	广西、云南、广东	瑶族	279.60	广西、湖南、云南、广东
回族	1058.61	宁夏、甘肃、河南、新疆、青海、云南、河北、山东、安徽、辽宁、北京、内蒙古、天津、黑龙江、陕西、贵州、吉林、江苏、四川	白族	193.35	云南、贵州、湖南
			朝鲜族	183.09	吉林、黑龙江、辽宁
满族	1038.80	辽宁、河北、黑龙江、吉林、内蒙古、北京	哈尼族	166.09	云南
			黎族	146.31	海南
维吾尔族	1006.93	新疆	哈萨克族	146.26	新疆
苗族	942.60	贵州、湖南、云南、广西、重庆、湖北、四川	傣族	126.13	云南
			畲族	70.87	福建、浙江、江西、广东
彝族	871.44	云南、四川、贵州	傈僳族	70.28	云南、四川
土家族	835.39	湖南、湖北、重庆、贵州	东乡族	62.15	甘肃、新疆
藏族	628.22	西藏、四川、青海、甘肃、云南	仡佬族	55.07	贵州
			拉祜族	48.60	云南
蒙古族	598.18	内蒙古、辽宁、吉林、河北、黑龙江、新疆	佤族	42.97	云南
侗族	288.00	贵州、湖南、广西	水族	41.18	贵州、广西
布依族	287.00	贵州			

民族	人口数（万人）	分布主要地区	民族	人口数（万人）	分布主要地区
纳西族	32.63	云南	鄂温克族	3.09	内蒙古
羌族	30.96	四川	京族	2.82	广西
土族	28.96	青海、甘肃	基诺族	2.31	云南
仫佬族	21.63	广西	德昂族	2.06	云南
锡伯族	19.05	辽宁、新疆	保安族	2.01	甘肃
柯尔克孜族	18.67	新疆	俄罗斯族	1.54	新疆、黑龙江
			裕固族	1.44	甘肃
景颇族	14.78	云南	乌孜别克族	1.06	新疆
达斡尔族	13.20	内蒙古、黑龙江			
撒拉族	13.06	青海	门巴族	1.06	西藏
布朗族	11.96	云南	鄂伦春族	0.87	黑龙江、内蒙古
毛南族	10.12	广西	独龙族	0.69	云南
塔吉克族	5.11	新疆	赫哲族	0.54	黑龙江
普米族	4.29	云南	高山族	0.40	台湾、福建
阿昌族	3.96	云南	珞巴族	0.37	西藏
怒族	3.75	云南	塔塔尔族	0.36	新疆

注：表中不含其他未识别的民族和外国人加入中国国籍的人口

资料来源：中华人民共和国国家统计局，2012

2. 中国民族人口省域分布

中国实行民族区域自治，在各少数民族聚居的地方实行区域自治，设立自治机关，行使自治权的制度。目前，全国有西藏自治区、新疆维吾尔自治区、宁夏回族自治区、内蒙古自治区以及广西壮族自治区 5 个自治区，117个自治县。2010 年，第六次人口普查表明 5 个民族自治区集中了我国30.38%的少数民族人口。各省（自治区、直辖市）中，西藏自治区少数民族人口占西藏总人口的90%以上，新疆维吾尔自治区少数民族人口占新疆总人口的近60%，青海省少数民族人口占青海省总人口的46.98%，贵州省、云南省、宁夏回族自治区和广西壮族自治区的少数民族人口占各自省域人口的30%～35%，内蒙古自治区少数民族人口占 20.46%，海南省、辽宁省、湖南省和甘肃省的少数民族总人口比例在 9%～15%，高于全国平均水平（8.46%）。其余省域少数民族人口占各自省域总人口的比例较低，其中山东省、安徽省、陕西省、江苏省、江西省和山西省少数民族人口较少，少数民族人口比例不足各自省域总人口的 1%（图 1-3）。

少数民族人口分布具有显著的空间聚集性，并且主要分布在中国西部地区。随着中国经济社会的快速发展，少数民族人口的流动性加强，传统的人口分布格局逐渐改变（焦开山，2014）。2000～2010 年，西藏、新疆、云南、浙江、四川、广东、青海和宁夏 8 省（自治区）少数民族人口规模较多，占少数

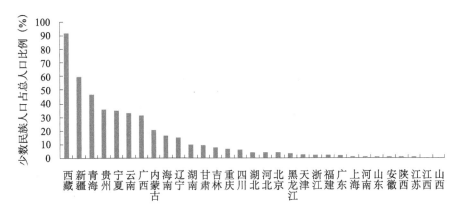

1-3 中国内地 31 个省（自治区、直辖市）"六普"少数民族人口比例情况（2010 年）

民族人口增加数的 48.6%，其中新疆和云南分别增加了 201.37 万人和 118.98 万人。安徽、山西、河南、重庆、辽宁、湖北、吉林、黑龙江、贵州和广西少数民族人口规模减小明显，其中广西和贵州少数民族人口规模分别减少 371.91 万人和 93.16 万人。从少数民族人口比例变化看，浙江、四川和青海的少数民族人口比例分别提高了约 1 个百分点；上海、广东和福建少数民族人口比例增长较为明显。广西、贵州和西藏少数民族人口比例下降幅度较大，超过 2 个百分点（表 1-4）。

表 1-4 中国省域少数民族人口规模和比例变动情况（2000～2010 年）

省份	规模变化（万人）	比例变化（%）	省份	规模变化（万人）	比例变化（%）
新疆	201.37	0.09	山东	9.35	0.05
云南	118.98	−0.03	河北	9.01	−0.19
浙江	81.93	1.37	天津	6.40	−0.15
四川	78.99	1.10	江西	2.63	0.03
广东	78.08	0.48	陕西	1.32	0.01
青海	42.63	1.01	安徽	−0.22	−0.01
宁夏	31.92	0.60	山西	−0.95	−0.06
西藏	29.92	−2.11	河南	−2.56	−0.06
北京	21.57	−0.23	重庆	−3.65	0.25
福建	21.30	0.45	辽宁	−7.53	−0.88
甘肃	21.13	0.67	湖北	−12.84	−0.05
内蒙古	19.79	−0.36	吉林	−25.82	−1.16
上海	17.22	0.57	黑龙江	−39.95	−1.31
江苏	12.40	0.13	贵州	−93.16	−2.14
湖南	12.37	−0.18	广西	−371.91	−7.18
海南	11.17	−0.94			

二、新疆多民族聚居区

1. 新疆各民族人口数量及其增长

新疆自古以来就是多民族聚居的地区，由于各民族的迁移、流动，新疆的少数民族成分多。在新疆生活的少数民族有 47 个，其中维吾尔族、汉族、哈萨克族、回族、柯尔克孜族、蒙古族、塔吉克族、锡伯族、满族、乌孜别克族、俄罗斯族、达斡尔族和塔塔尔族 13 个民族是新疆的世居民族。其他民族都是后来陆续从全国各地迁徙而来的。最近十多年来，新疆少数民族人口比例不断上升。2000～2013 年，新疆少数民族人口增加了 284.24 万人，占总人口比例由 60.79% 提高到 62.06%（图 1-4）。

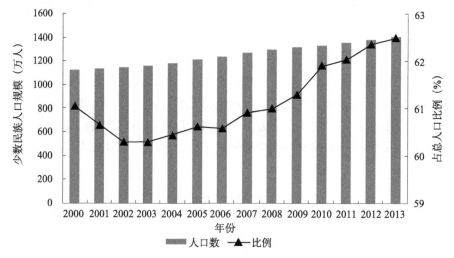

图 1-4　新疆少数民族人口变化情况（2000～2013 年）

资料来源：新疆维吾尔自治区统计局，2015

从新疆主要年份各民族人口数量及其变化情况看（表 1-5），1980～2010 年，新疆人口年均增长 1.76%，其中汉族人口年均增长率为 1.51%，少数民族人口年均增长率为 1.92%。在新疆 13 个世居民族中，俄罗斯族、其他民族、满族、塔吉克族和乌孜别克族人口年均增长率高于其他世居民族，年均增长率在 2% 以上；维吾尔族、哈萨克族、回族和柯尔克孜族人口年均增长率略高于全疆平均水平，汉族、蒙古族、塔塔尔族和达斡尔族人口增长率低于全疆平均水平。

表 1-5 新疆主要年份各民族人口数量及变化

人口 民族	1980 年	1990 年	2000 年	2010 年	1980~2010 年年均增 长率(%)	1980~2010 年占总人口 比例变化(%)
新疆总人口（万人）	1283.24	1529.16	1849.40	2164.44	1.76	—
汉族人口（万人）	531.03	574.66	725.08	832.29	1.51	-2.93
少数民族人口（万人）	752.21	954.50	1124.32	1332.15	1.92	2.93
其中：维吾尔族人口（万人）	576.46	724.95	852.33	1017.15	1.91	2.07
哈萨克族人口（万人）	87.68	113.92	131.87	151.16	1.83	0.15
回族人口（万人）	56.56	68.89	83.93	98.40	1.86	0.14
柯尔克孜族人口（万人）	10.89	14.44	16.47	18.92	1.86	0.03
蒙古族人口（万人）	11.32	14.28	16.20	17.74	1.51	-0.06
锡伯族人口（万人）	2.59	3.42	4.05	4.23	1.65	-0.01
俄罗斯族人口（万人）	0.06	0.75	1.09	1.16	10.38	0.05
塔吉克族人口（万人）	2.41	3.44	4.09	4.69	2.24	0.03
乌孜别克族人口（万人）	0.79	1.14	1.36	1.70	2.59	0.02
塔塔尔族人口（万人）	0.31	0.40	0.48	0.49	1.54	—
满族人口（万人）	0.50	1.66	2.31	2.61	5.66	0.08
达斡尔族人口（万人）	0.40	0.56	0.66	0.67	1.73	—
其他民族人口（万人）	2.24	6.65	9.48	13.23	6.10	0.44

资料来源：新疆维吾尔自治区统计局，2014

就各民族人口比例变化情况看，1980~2010 年，汉族人口占新疆总人口的比例下降，下降了 2.93 个百分点；少数民族人口比例上升，上升了 2.93 个百分点。新疆少数民族中，维吾尔族人口占新疆总人口比例增加明显，增加了 2.07 个百分点；哈萨克族和回族人口比例有所增加，分别增加 0.15% 和 0.14%；蒙古族和锡伯族人口比例下降明显，分别下降了 0.06% 和 0.01%；塔塔尔族和达斡尔族所占比例没有变化。

2. 新疆各民族人口分布概况

新疆是多民族聚居的以维吾尔族人口为主的少数民族地区。新疆各民族在居住格局上表现为"大杂居，小聚居，相互交错杂处"的格局（李晓霞，2012）。据 2013 年《新疆统计年鉴》中的人口统计数据，新疆的人口主要分布在南疆和北疆，分别占新疆总人口的 49.28% 和 45.20%，东疆占 5.52%。从各地州市看（表1-6），南疆的喀什地区和阿克苏地区，北疆的伊犁哈萨克自治州直属县（市）和乌鲁木齐市人口占新疆总人口的比例都在 10% 以上；阿拉尔市、图木舒克市和五家渠市人口较少，占新疆总人口的比例均不足 1%。新疆的 13 个世居民族在地区上的分布各有特点，南疆以维吾尔族为主，北疆以哈萨克族和汉族为主；蒙古族、柯尔克孜族、锡伯族、塔吉克族、俄罗斯族、达斡尔族、塔塔尔族等民族分布相对集中，回族和其他民族大多杂居。随着现代化的发展，各民族人口流动性加快，多民族混居与局部地区民族聚居并存。

表 1-6　新疆少数民族人口比例地州市分布情况（2013 年）　　　　单位：%

民族 地州市	总人口	少数民族	维吾尔族	汉族	哈萨克族	回族	柯尔克孜族	蒙古族	锡伯族	俄罗斯族	塔吉克族	乌孜别克族	塔塔尔族	满族	达斡尔族	其他民族
乌鲁木齐市	11.60	5.09	3.10	22.25	4.29	25.62	1.17	5.74	13.16	31.45	0.53	11.82	21.21	40.26	9.19	6.44
克拉玛依市	1.28	0.52	0.42	2.52	0.75	0.68	0.07	1.47	2.22	5.34	0.06	1.74	1.90	4.70	2.16	1.91
吐鲁番地区	2.84	3.57	4.29	1.64	0.02	3.67	—	0.12	0.06	0.48	—	0.13	0.10	1.09	0.07	0.74
哈密地区	2.68	1.37	1.03	4.83	3.58	1.81	0.02	1.51	0.40	0.87	—	0.06	0.59	6.75	0.18	1.43
昌吉回族自治州	6.20	2.71	0.61	11.90	9.14	13.92	0.09	3.76	1.47	6.34	0.01	13.21	17.82	12.03	0.98	6.01
伊犁哈萨克自治州直属县（市）	13.17	13.39	7.03	12.81	39.66	30.88	9.99	19.22	75.08	13.42	0.29	40.80	25.21	14.77	7.57	50.41
塔城地区	4.68	3.25	0.40	7.00	17.07	8.00	1.10	18.91	4.60	29.70	0.01	2.23	9.78	3.09	78.37	7.43
阿勒泰地区	2.96	2.82	0.09	3.19	21.98	2.35	0.03	3.51	0.21	3.57	—	1.00	20.45	1.31	0.23	3.47
博尔塔拉蒙古自治州	2.16	1.20	0.62	3.74	3.09	1.93	0.04	15.51	0.96	1.68	0.01	0.94	0.37	1.38	0.42	2.44
巴音郭楞蒙古自治州	6.20	4.32	4.38	9.27	0.09	6.88	0.12	28.29	0.50	2.24	0.01	0.79	0.06	5.07	0.41	6.07
阿克苏地区	10.84	14.08	18.12	5.54	0.01	1.38	5.70	0.48	0.35	1.10	0.01	1.11	0.19	2.21	0.01	4.03
克孜勒苏柯尔克孜自治州	2.54	3.79	3.46	0.50	0.01	0.07	77.64	0.05	0.08	0.05	11.56	0.96	0.57	0.35	—	0.31
喀什地区	18.65	27.97	36.02	3.42	0.02	0.62	3.46	0.42	0.35	1.04	85.35	24.67	1.53	2.20	0.21	1.74
和田地区	9.51	14.73	19.23	0.97	—	0.20	0.47	0.12	0.13	0.07	2.11	0.27	0.20	0.31	0.01	0.41
石河子市	2.75	0.27	0.08	6.80	0.27	1.68	0.07	0.46	0.36	2.04	0.04	0.09	0.02	3.41	0.16	3.70
阿拉尔市	0.82	0.13	0.12	1.95	0.01	0.09	0.03	0.14	0.01	0.14	0.01	0.01	—	0.23	—	2.79
图木舒克市	0.72	0.77	1.00	0.65	—	0.05	—	0.03	—	0.04	—	0.16	—	0.12	—	0.34
五家渠市	0.40	0.02	—	1.02	0.01	0.17	—	0.26	0.05	0.43	—	0.01	—	0.72	0.03	0.33
合计	100.00	100.00	100.00	100.00	100.00	100.00	100.00	100.00	100.00	100.00	100.00	100.00	100.00	100.00	100.00	100.00
北疆	45.20	29.27	12.35	71.23	96.26	85.23	12.56	68.84	98.11	93.97	0.95	71.84	96.76	81.67	99.11	82.13
南疆	49.28	65.79	82.33	22.30	0.14	9.29	87.42	29.53	1.42	4.68	99.06	27.97	2.54	10.49	0.64	15.69
东疆	5.52	4.94	5.32	6.47	3.60	5.48	0.02	1.63	0.47	1.36	—	0.19	0.68	7.84	0.25	2.18
合计	100.00	100.00	100.00	100.00	100.00	100.00	100.00	100.00	100.00	100.00	100.00	100.00	100.00	100.00	100.00	100.00

资料来源：新疆维吾尔自治区统计局，2014

（1）维吾尔族

维吾尔族人口具有相对集中的特点，主要分布在南疆地区，占新疆维吾尔族总人口的82.33%，北疆占12.35%，东疆占5.32%。从各地州分布看，主要集中在喀什地区，占新疆维吾尔族人口的36.02%，和田地区和阿克苏地区也分别集中了新疆18%以上的维吾尔族人口。此外，伊犁哈萨克自治州直属县（市）、巴音郭楞蒙古自治州、克孜勒苏柯尔克孜自治州、吐鲁番地区和乌鲁木齐市的维吾尔族人口也有一定比例分布。

（2）汉族

新疆汉族人口主要分布在北疆地区，占新疆汉族总人口的71.23%，南疆占22.30%，东疆占6.47%。在地州市层面表现为明显的广域分布特点，在18个地州市均有分布且占有一定比例。乌鲁木齐市、昌吉回族自治州、伊犁哈萨克自治州直属县（市）的汉族人口比例较大，合计占新疆汉族总人口的47.96%。和田地区、克孜勒苏柯尔克孜自治州和图木舒克市的汉族人口比例较低，不足1%。其他各地州市的汉族人口均有一定比例分布。

（3）哈萨克族

哈萨克族是新疆第二大少数民族，人口分布的集中化程度较高，新疆96.26%的哈萨克族人口集中在北疆，东疆集中了新疆3.60%的哈萨克族人口，南疆地区的哈萨克族人口仅占0.14%。北疆的伊犁哈萨克自治州是中国唯一的副省级自治州，下辖塔城地区、阿勒泰地区和伊犁哈萨克自治州直属县（市），集中了新疆78.71%的哈萨克族人口。此外，昌吉回族自治州、乌鲁木齐市、哈密地区和博尔塔拉蒙古自治州也有一定比例分布，其他地州市较少，占比例不足1%。

（4）回族

新疆回族人口有广域分布的特点，各地均有分布，但主要集中在北疆，占新疆回族总人口的85.23%，南疆占9.29%，东疆占5.48%。从各地州市来看，新疆回族主要集中在北疆的伊犁哈萨克自治州直属县（市）、乌鲁木齐市和昌吉回族自治州，合计占新疆回族总人口的70.42%。其次塔城地区、巴音郭楞蒙古自治州、吐鲁番地区和阿勒泰地区的回族人口比例占2%以上。此外，博尔塔拉蒙古自治州、哈密地区、石河子市和阿克苏地区也有一定比例分布。

（5）柯尔克孜族

新疆的柯尔克孜族人口集中程度较高，主要集中在南疆，占新疆柯尔克孜族总人口的87.42%，北疆占12.56%，东疆分布较少，仅占0.02%。从各地州市看，柯尔克孜族人口主要高度集中在克孜勒苏柯尔克孜自治州，占新疆柯尔克孜族总人口的77.64%；其次集中在伊犁哈萨克自治州直属县（市）、阿克苏地区和喀什地区，占比例分别是9.99%、5.70%和3.46%；乌鲁木齐市和塔城地区也有部分柯尔克孜族人口分布。

（6）蒙古族

新疆的蒙古族表现出大分散、小集中的特点，南北疆和各地州市均有分布，但是相对集中。北疆的蒙古族占新疆蒙古族总人口的68.84%，南疆占29.53%，东疆占1.63%。从地州市看相对集中在巴音郭楞蒙古自治州、伊犁哈萨克自治州直属县（市）、塔城地区和博尔塔拉蒙古自治州，占新疆蒙古族总人口的比例均在15%以上；乌鲁木齐市、昌吉回族自治州、阿勒泰地区比例在3%以上；哈密地区和克拉玛依市也有一定比例分布。

（7）锡伯族

新疆锡伯族人口集中在北疆，占新疆锡伯族总人口的98.11%，集中化程度极高。新疆的锡伯族主要集中在伊犁哈萨克自治州直属县（市），占新疆锡伯族总人口的75.08%，其次乌鲁木齐市的锡伯族人口占新疆锡伯族总人口的13.16%。此外，塔城地区、克拉玛依市、昌吉回族自治州也有锡伯族人口分布。

（8）俄罗斯族

新疆俄罗斯族人口以北疆分布占绝对优势，占新疆俄罗斯族总人口的93.97%。其中以乌鲁木齐市最多，占31.45%，塔城地区次之，占29.70%；伊犁哈萨克自治州直属县（市）占13.42%；昌吉回族自治州占6.34%；克拉玛依市占5.34%；阿勒泰地区、巴音郭楞蒙古自治州、石河子市、博尔塔拉蒙古自治州、阿克苏地区和喀什地区也有一定比例分布。

（9）塔吉克族

新疆塔吉克族人口分布高度集中在南疆，占新疆塔吉克族总人口的99.06%，其中喀什地区占85.35%，克孜勒苏柯尔克孜自治州占11.56%，和田地区占2.11%；乌鲁木齐市和伊犁哈萨克自治州直属县（市）也有少量分布。

（10）乌孜别克族

新疆乌孜别克族人口南北疆均有分布，以北疆分布为主。北疆乌孜别克族人口占新疆乌孜别克族总人口的71.84%，南疆占27.97%，东疆占0.19%。其中以伊犁哈萨克自治州直属县（市）为最多，占40.80%；其次是喀什地区占24.67%；昌吉回族自治州占13.21%；乌鲁木齐市占11.82%。塔城地区、阿勒泰地区、克拉玛依市和阿克苏地区也有一定分布。

（11）塔塔尔族

新疆的塔塔尔族主要集中在北疆，占新疆塔塔尔族总人口的96.76%，南疆占2.54%，东疆仅占0.68%。其中，伊犁哈萨克自治州直属县（市）、乌鲁木齐市和阿勒泰地区较多，分别占新疆塔塔尔族总人口的 25.21％、21.21％和 20.45％。其次昌吉回族自治州占 17.82％；塔城地区占 9.78％。此外，克拉玛依市和喀什地区也有少量分布。

（12）满族

新疆满族分布较广，主要分布在北疆，占新疆满族总人口的 81.67％，南疆占 10.49％，东疆占 7.84％。其中乌鲁木齐市最多，占 40.26％，其次是伊犁哈萨克自治州直属县（市）占 14.77％，第三是昌吉回族自治州占 12.03％。哈密地区、巴音郭楞蒙古自治州、克拉玛依市、石河子市、塔城地区、阿克苏地区均有一定比例分布（在 3％～5％）。此外，喀什地区、博尔塔拉蒙古自治州、阿勒泰地区、吐鲁番地区也有少量分布。

（13）达斡尔族

达斡尔族人口以绝对比例分布于北疆，占到全疆达斡尔族总人口的 99.11％。其中，主要分布在塔城地区，占 78.37％；其次是乌鲁木齐市和伊犁哈萨克自治州直属县（市）分别占 9.19％和 7.57％；克拉玛依市占 2.16％。

三、中国多民族聚居城市

2014 年，国务院《关于调整城市规模新划分标准的通知》（国发〔2014〕51 号）的城市划分标准，将城市划分为超大城市、特大城市、大城市、中等城市和小城市五类七档。根据全国第六次人口普查数据，把城市按照最新标准划分（表 1-7）发现，2010 年，我国设市城市 651 个，其中超大城市 6 个（上海、北京、重庆、天津、广州、深圳），平均每个城市市区人口规模为 1489 万人/个；特大城市 10 个，平均人口规模为 700 万人/个；Ⅰ型大城市 21 个，平均人口规模为 352 万人/个；Ⅱ型大城市 159 个，平均人口规模为 141 万人/个；中等城市 264 个，平均人口规模为 71 万人/个；Ⅰ型小城市 159 个，平均人口规模为 38 万人/个；Ⅱ型小城市 32 个，平均人口规模为 14 万人/个。从我国行政区划看，651 个城市中，超大城市、特大城市和大城市基本上都是地级市。

表 1-7 按照全国第六次人口普查数据划分的中国内地城市类型

城市类型	城市个数	平均规模（万人/个）	城市名称
超大城市（1000 万人以上）	6	1489	上海、北京、重庆、天津、广州、深圳
特大城市（500 万～1000 万人）	10	700	武汉、东莞、成都、佛山、南京、西安、沈阳、杭州、哈尔滨、汕头

城市类型		城市个数	平均规模（万人/个）	城市名称
大城市	Ⅰ型大城市（300万～500万人）	21	352	济南、郑州、长春、大连、苏州、青岛、昆明、无锡、厦门、宁波、南宁、太原、合肥、常州、唐山、淄博、中山、长沙、温州、贵阳、乌鲁木齐
	Ⅱ型大城市（100万～300万人）	159	141	福州、石家庄、淮安、兰州、徐州、南昌、惠州、临沂、南通、烟台、襄樊、枣庄、包头、普宁、海口、潍坊、晋江、呼和浩特、吉林、莆田、洛阳、台州、南充、江门、南阳、阜阳、大同、泰安、淮南、大庆、宿州、昆山、六安、盐城、湛江、滕州、江阴、珠海、齐齐哈尔、鞍山、商丘、常熟、桂平、贵港、邓州、慈溪、邛州、常德、邯郸、安庆、廉江、宝鸡、宿迁、柳州、泉州、抚顺、雷州、瑞安、天门、南安、宜昌、亳州、扬州、乐清、泸州、温岭、陆丰、平度、绵阳、菏泽、丰城、赤峰、日照、新泰、芜湖、宣威、莱芜、遂宁、漯河、海城、湖州、银川、高州、浏阳、吴江、如皋、自贡、兴化、内江、张家港、益阳、济宁、永城、宜兴、福清、义乌、岳阳、信阳、聊城、茂名、乐山、嘉兴、镇江、钦州、西宁、天水、化州、即墨、仙桃、安顺、定州、榆树、诸暨、荆州、耒阳、安阳、咸阳、寿光、衡阳、北流、禹城、巴中、邹城、淮北、六盘水、遵义、本溪、公主岭、锦州、抚州、诸城、金华、泰兴、简阳、章丘、张家口、玉林、株洲、连云港、鄂州、新乡、宜春、增城、平顶山、营口、秦皇岛、临海、钟祥、永州、汉川、余姚、武威、江都、贺州、枣阳、东营、项城
	中等城市（50万～100万人）	264	71	涟源、韶关、东台、桂林、蚌埠、启东、葫芦岛、牡丹江、兴宁、丹阳、湘潭、罗定、醴陵、肥城、潜江、临汾、瓦房店、英德、台山、青州、保山、儋州、汝州、吴川、安丘、新沂、信宜、来宾、大冶、孝感、海门、资阳、肇东、高密、萍乡、莱州、绍兴、佳木斯、五常、莱阳、泰州、龙海、渭南、绥化、安康、胶南、廊坊、丹东、焦作、鸡西、广元、阳春、麻城、威海、胶州、舟山、庄河、新余、宜宾、双城、郴州、任丘、眉山、洪湖、武安、桐乡、高安、清远、常宁、乐平、河间、巩义、海宁、衢州、东阳、新密、阜新、林州、辽阳、湘乡、昭通、南康、攀枝花、兴义、巢湖、上虞、藁城、宣城、岑溪、海伦、十堰、松滋、长治、彭州、江油、新郑、随州、邵阳、高要、莱西、恩施、溧阳、德惠、揭阳、高邮、铜川、马鞍山、普兰店、曲靖、遵化、德阳、武冈、伊春、阆中、姜堰、迁安、永康、阳泉、驻马店、灵宝、临清、富阳、荣成、西昌、太仓、朔州、大丰、漳州、九江、大石桥、开平、汨罗、黄石、盖州、龙口、长葛、三亚、靖江、滨州、长乐、运城、嵊州、德州、阳江、盘锦、济源、文登、平湖市、邢台、登封、北海、偃师、沅江、鹤岗、桐城、龙岩、崇州、都江堰、新民、濮阳、利川、乐陵市、大理、三河、舒兰、武穴、肇庆、赣州、曲阜、高碑店、海阳、榆林、石狮、晋中、鹤壁、承德、荆门、东港、讷河、朝阳、霸州、七台河、白山、瑞金、兖州、句容、辛集、梅河口、四平、松原、邛崃、九台、涿州、昌邑、天长、池州、应城、从化、广汉、栖霞、楚雄、尚志、泊头、鄂尔多斯、石首、乳山、凌源、安陆、临安市、招远、深州、仪征、福安、延吉、滁州、界首、兰溪、宜州、贵溪、樟树、陇南、怀化、金坛、库尔勒、黄骅、仁怀、兴城、开原、万宁、忻州、吴忠、凤城、四会、巴彦淖尔、兴平、吉安、晋州、文昌、沧州、阿克苏、汉中、乌海、明光、商洛、梧州、福鼎、衡水、景洪、防城港、白城、奎屯、北镇、宜城、凌海、张掖、通化、喀什、磐石、周口、平凉、双鸭山

城市类型		城市个数	平均规模（万人/个）	城市名称
小城市	Ⅰ型小城市（20万~50万人）	159	38	沙河、临湘、许昌、娄底、北票、灯塔、枝江、卫辉、玉溪、鹤山、张家界、恩平、汕尾、奉化、原平、禹城、新乐、白银、高平、敦化、琼海、凯里、咸宁、达州、洪江、绵竹、晋城、延安、铜陵、景德镇、安达、石嘴山、辽源、哈密、河间、南宫、孝义、当阳、南平、江山、清镇、河源、黄山、个旧、铁岭、潮州、建瓯、丽水、蓬莱、沁阳、蛟河、桦甸、永济、丹江口、都匀、宁安、富锦、峨眉山、北安、鹿泉、洮南、大安、建德、宁德、酒泉、昌吉、双辽、定西、瑞昌、上饶、汾阳、什邡、固原、东方、万源、密山、介休、海林、乐昌、河津、韩城、克拉玛依、潞西、宜都、梅州、石河子、中卫、庆阳、宁国、三明、百色、安国、连州、孟州、黄冈、牙克石、霍州、铜仁、乌兰察布、雅安、扎兰屯、铁力、永安、呼伦贝尔、安宁、资兴、扬中、河池、冷水江、乌兰浩特、五大连池、三门峡、临沧、开远、和田、吕梁、云浮、虎林、崇左、南雄、舞钢、吉首、乌苏、普洱、穆棱、德兴、建阳、福泉、霍州、拉萨、广安、邵武、临夏、吐鲁番、青铜峡、灵武、华阴、津市、满洲里、锡林浩特、丰镇、珲春、调兵山、阿图什、漳平、侯马、赤水、博乐、龙泉、武夷山、集安、嘉峪关、金昌、潞城、格尔木、鹰潭、黑河、丽江、古交
	Ⅱ型小城市（20万人以下）	32	14	阿勒泰、和龙、敦煌、瑞丽、同江、龙井、临江、伊宁、阜康、塔城、玉门、阿拉尔、加格达奇、井冈山、义马、东兴、图木舒克、图们、绥芬河、日喀则、合山、凭祥、额尔古纳、五指山、霍林郭勒、五家渠、合作、韶山、德令哈、根河、二连浩特、阿尔山

从城市人口分布情况看（表1-8），城市人口主要分布在大城市，大城市集中了41.95%的人口，其中Ⅰ型大城市集中了10.38%的人口，Ⅱ型大城市集中了31.57%的人口；中等城市集中了26.52%的人口；超大城市集中了12.56%的人口；特大城市集中了9.84%的人口；小城市集中了9.13%的人口。

表1-8 中国各类城市人口比例 单位：%

城市类型	人口比例	少数民族人口比例
超大城市	12.56	4.91
特大城市	9.84	4.09
Ⅰ型大城市	10.38	10.93
Ⅱ型大城市	31.57	19.66
中等城市	26.52	35.14
Ⅰ型小城市	8.52	21.18
Ⅱ型小城市	0.61	4.09
合计	100.00	100.00

我国城市少数民族人口主要集中在中等城市和大城市，其中中等城市集中了 35.14％的少数民族人口，大城市集中了 30.59％的少数民族人口。我国小城市集中了 25.27％的少数民族人口；超大城市和特大城市少数民族人口比例在 4.91％和 4.09％。

第三节　乌鲁木齐城市及其空间发展

一、自然本底与历史沿革

1. 自然本底

任何一个城市都是坐落在具有一定地理特征的地表上，其形成、建设和发展都与自然地理因素有密切的关系。地理位置、地质、地形、地貌、水文、资源等自然地理要素相互交叉组合在一起，构成了城市存在和发展的物质基础，形成了城市区域自然地理环境。

乌鲁木齐市位于亚欧大陆腹地，地处北天山北麓、准噶尔盆地南缘。辖区东毗吐鲁番地区吐鲁番市，东南与吐鲁番地区托克逊县接壤；南在阿拉沟一带与巴音郭楞蒙古自治州和硕县、和静县相邻；西邻五家渠市、昌吉回族自治州昌吉市；北以北纬45°线为界与阿勒泰地区相接，东北邻昌吉回族自治州阜康市、吉木萨尔县。地理坐标：东经86°37′38″～88°58′24″，北纬42°45′32″～44°08′00″。面积为1.38万平方千米，建成区面积为339平方千米。海拔680～920米。

乌鲁木齐市三面环山，地势东南高，西北低，自然坡度为12‰～15‰，海拔680～920米。乌鲁木齐属中温带大陆性干旱气候，春秋两季较短，冬夏两季较长，昼夜温差大。年平均降水量为194毫米，最暖的七八月平均气温为25.7℃，最冷的一月平均气温为−15.2℃。极端气温最高为47.8℃，最低为−41.5℃。降水少，且随高度垂直递增；冬季寒冷漫长，四季分配不均，冬季有逆温层出现。永久性积雪面积为164平方千米，固定储量为73.9亿立方米。水资源总量约为11亿立方米，其中地表水资源量为10亿立方米。

2. 历史沿革

城市发展具有历史惯性，每个时期的城市发展基本上是对前一时期城市空间结构的继承与发展。考古发现表明，距今七八千年前乌鲁木齐就有人类活动。在柴窝堡附近曾发现比较早期的新石器时代的细石器文化遗址。乌鲁木齐到明代都是我国西域各游牧部落生息、繁衍的草场。据《清史稿》卷七十六载：西汉时为"卑陆等十三国地"，东汉初为"车师六国"、"晋属铁勒"，"唐贞观时内属，统于安西大都护府"，"武后时，改隶北庭大都护府"，"宋为高昌北庭"，"元属别失八里"，"明属瓦剌，后为准噶台吉牧地"。

乌鲁木齐城市的兴建始于军事需要，城市的生长源于屯垦。据《新疆通志》记载，清朝政府平定准噶尔少数贵族集团分裂祖国的武装叛乱后，于1755年（清乾隆二十年）由清军修筑了一座土城，屯田戍卫，起名乌鲁木齐（Ürümqi），为最早的城郭（于维诚，1986）。1758年（清乾隆二十三年），清政府在红山之南筑土城，周一里五分（周长0.75千米），此城坐落于现今乌鲁木齐市南门以南，龙泉街以北，后称南关土城。1760年（清乾隆二十五年），乌鲁木齐设同知。1763年（清乾隆二十八年），在原土城之北扩建新城，钦定城名为"迪化"。1771年（清乾隆三十六年）同知改为参赞大臣，1772年（清乾隆三十七年）又在迪化城西修建巩宁城（现老满城），行政中心移到巩宁城。1773年，参赞大臣改为都统，并设镇迪道，镇迪道下设迪化直隶州。1864年（同治三年）西北回民起义烧毁巩宁城。1880年（光绪六年），在迪化城东筑"新满城"，原迪化城由民商居住，俗称"汉城"。1884年（清光绪十年）新疆建省，定迪化城为省会，1886年（清光绪十二年）迪化旧城与新满城扩建为一城，迪化直隶州升为迪化府，在迪化府下设迪化县，府和县的治所均在迪化城。1894年（清光绪二十年）以后，乌鲁木齐市逐渐成为驻军和商贸中心。

1913年，镇迪道尹改为观察使，并同时撤销迪化府，保留迪化县。1945年11月1日，迪化正式设市并成立市政府；同时将市区划分为一、二、三、四、五区，迪化县隶属迪化专员公署，辖6个乡，2个牧区及达坂城镇。区以下设保甲组织。

1949年12月17日，迪化市人民政府成立。1954年2月1日，迪化市改名乌鲁木齐。1959年国家正式批准乌鲁木齐市升为设区的市（即地级市），下辖天山区、沙依巴克区、新市区、水磨沟区和头屯河区5个市辖区和乌鲁木齐县。1971年增设南山矿区，辖1县6区。

1999年8月10日，国务院批准将乌鲁木齐市南山矿区更名为南泉区。2002年3月9日，国务院（国函［2002］20号）批准调整乌鲁木齐市南泉区行政区划：①将乌鲁木齐市天山区的乌拉泊街道和乌鲁木齐县的达坂城镇、东沟乡、西沟乡、阿克苏乡、柴窝堡乡归乌鲁木齐市南泉区管辖。②南泉区更名为乌鲁木齐市达坂城区，区政府驻地由鱼尔沟迁至达坂城镇。2007年，《自治区人民政府关于调整昌吉回族自治州与乌鲁木齐市行政区划的通知》：根据《国务院关于同意新疆维吾尔自治区调整昌吉回族自治州与乌鲁木齐市行政区划的批复》精神，将昌吉回族自治州米泉市并入乌鲁木齐市，撤销米泉市和乌鲁木齐市东山区，设立乌鲁木齐市米东区。

2008年10月，《新疆维吾尔自治区政府关于调整乌鲁木齐市达坂城区与吐鲁番地区托克逊县行政区域界线的通知》（新政发〔2008〕72号）同意将乌鲁木齐市达坂城区的鱼儿沟街道、星火街道428.4平方千米划归吐鲁番地区托克逊县管理，艾维尔沟街道260.6平方千米仍由达坂城区管理。

2011年3月2日，乌鲁木齐市政府（乌政办〔2011〕40号）通知：自治区政府已同意将乌鲁木齐县青格达湖乡、六十户乡和安宁渠镇的行政区域划归高新技术产业开发区（新市区）管辖。

3. 行政区划

乌鲁木齐市域下辖天山区、沙依巴克区、高新技术开发区（新市区）、水磨沟区、经济技术开发区（头屯河区）、米东区、达坂城区及乌鲁木齐县共七区一县，拥有65个街道办事处、8个镇和14个乡（表1-9）。

表1-9　2011年乌鲁木齐政区设置

行政区	乡、镇、街道名称
天山区	东门街道、和平路街道、红雁街道、碱泉街道、解放北路街道、解放南路街道、青年路街道、胜利路街道、团结路街道、新华北路街道、新华南路街道、幸福路街道、延安路街道、燕尔窝街道
沙依巴克区	八一街道、长江路街道、和田街道、红庙子街道、炉院街道、西山街道、雅马里克山街道、扬子江路街道、友好北路街道、友好南路街道、水泥厂街道、平顶山街道
水磨沟区	八道湾街道、六道湾街道、南湖北路街道、南湖南路街道、七道湾街道、水磨沟街道、苇湖梁街道、新民路街道
经开区*（头屯河区）	北站西路街道、火车西站街道、头屯河街道、王家沟街道、乌昌路街道、中亚北路街道、中亚南路街道、嵩山街道、友谊路街道
高新区*（新市区）	高新街街道、北京路街道、长春中路街道、北站东路街道、二工街道、杭州路街道、喀什东路街道、南纬路街道、三工街道、石油新村街道、天津路街道、银川路街道、迎宾路街道、安宁渠镇、地窝堡乡、二工乡、六十户乡、青格达湖乡
米东区	地磅街道、古牧地东路街道、古牧地西路街道、卡子湾街道、米东南路街道、石化街道、古牧地镇、长山子镇、羊毛工镇、三道坝镇、铁厂沟镇、柏杨沟哈萨克族乡、芦草沟乡
达坂城区	艾维尔沟街道、乌拉泊街道、盐湖街道、达坂城镇、东沟乡、西沟乡、阿克苏乡
乌鲁木齐县	水西沟镇、萨尔达坂乡、永丰乡、甘沟乡、板房沟乡、托里乡

资料来源：乌鲁木齐市统计局2012

* 乌鲁木齐经济技术开发区于1994年经国务院批准设立为国家级开发区，乌鲁木齐高新技术开发区于1992年经国务院批准设立为国家级高新技术产业开发区。头屯河区于1961年建区，新市区于1980年建区。2011年年初，乌鲁木齐经济技术开发区与头屯河区实行"区政合一"体制，简称经开区（头屯河区）；国家级乌鲁木齐高新技术产业开发区与新市区实行"区政合一"体制，简称高新区（新市区）

二、市域人口与经济发展

1. 人口规模及其增长

新中国成立初，乌鲁木齐全市户籍总人口仅 10.77 万人，至 1980 年达到 117.53 万人，31 年间总人口以年均 8.01％的平均速度快速增长；1980～2012 年，随着国家计划生育政策的施行，人口增速逐渐放缓，以每年 2.37％的平均增速增长；人口规模不断扩大。1980～1990 年户籍总人口增加 26.34 万人；1990～2000 年户籍总人口增加 34.95 万人；2000～2012 年户籍人口增加 74.75 万人，每年增加数约 6.23 万人，年平均增长率为 2.95％。2007 年行政区划调整，米泉市划归乌鲁木齐市设立米东区，人口增加明显（图 1-5）。乌鲁木齐市人口自然增长率下降到 6‰，总和生育率低于 1.5，进入低生育水平。

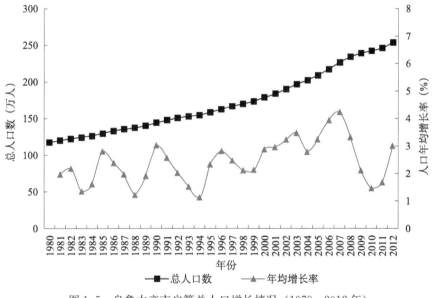

图 1-5　乌鲁木齐市户籍总人口增长情况（1978～2012 年）

2. 人口集中在中心城区

乌鲁木齐市人口集中分布在中心城区。中心城区天山区、沙依巴克区和新市区集中了全市 70％以上的人口（表 1-10）。随着新型工业化的发展和行政区划的调整，米东区的人口增长较快，米东区人口占全市总人口的比例由 2000 年的 4.94％增加到 2010 年的 10.72％，人口年均增长率为 14.03％。

表 1-10 乌鲁木齐市户籍人口的分布情况

地区	2000 年		2010 年		年均
	人口数（万人）	比重（%）	人口数（万人）	比重（%）	增长率（%）
乌鲁木齐市合计	181.69	100.00	311.26	100.00	5.53
天山区	44.13	24.29	69.63	22.37	4.67
沙依巴克区	45.70	25.15	66.47	21.36	3.82
高新区（新市区）	38.66	21.28	73.03	23.46	6.57
水磨沟区	21.38	11.77	39.09	12.56	6.22
经开区（头屯河区）	12.32	6.78	17.28	5.55	3.44
达坂城区	4.03	2.22	4.07	1.31	0.10
米东区	8.98	4.94	33.37	10.72	14.03
乌鲁木齐县	6.49	3.57	8.32	2.67	2.52

乌鲁木齐市是新疆流动人口集聚地，2010 年 9 月 1 日～2011 年 9 月 1 日，乌鲁木齐市居住一个月以上的流动人口为 85.87 万人。从人口迁入与迁出变化看（图 1-6），迁入人口近十年来在 5 万人以上，随着国家丝绸之路经济带的建设，乌鲁木齐市作为我国西部区域中心城市，是我国向西部开放的主要门户，人口迁移变化加剧。城市外来人口的增加，一方面使得城市人口规模不断扩大，总人口以每年 3.99% 的增速增长，城市整体空间进一步扩展；另一方面，外来人口成为城市社会群体的重要组成部分，成为现有社会区形成的主要影响因子。

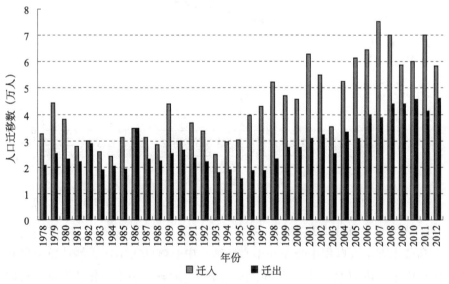

图 1-6 乌鲁木齐市人口迁移变化（1978～2012 年）

3. 各民族人口分布

乌鲁木齐市是多民族聚居的城市。城市中心城区人口集中，达坂城区和乌鲁木齐县人口比例较低。从乌鲁木齐市各民族人口在各县市区的比例看（表1-11），汉族散布在各区县，其中高新区、沙依巴克区和天山区相对较多，人口占市汉族总人口的比例都在20％左右；维吾尔族分布较为集中，有44.05％的维吾尔族人口集中在天山区，20.00％集中在沙依巴克区，14.98％集中在高新区，其他区县比例较低；哈萨克族主要集中在乌鲁木齐县，33.58％的哈萨克族人口集中在此，天山区、沙依巴克区和高新区的哈萨克族人口比例分别为18.67％、13.01％和11.54％；回族人口分布较散，米东区相对集中，有29.04％的回族人口，天山区、沙依巴克区和高新区的回族人口比例分别为16.30％、15.18％和17.16％；柯尔克孜族、蒙古族、锡伯族、俄罗斯族、满族和达斡尔族主要集中在天山、沙依巴克区和高新区，各民族比例分别在20％～33％，其他区县分布较少；塔吉克族主要集中在天山区和高新区，塔吉克族人口在两个区的比例分别为37.59％和35.52％；乌孜别克族和塔塔尔族集中分布在天山区，天山区集中了56.38％的乌孜别克族人口和54.86％的塔塔尔族人口。其他民族人口散居在各区县，相对集中在沙依巴克区和高新区。

表1-11　乌鲁木齐市各民族人口比例（2011年）　　　　　单位：％

地区	乌鲁木齐市	天山区	沙依巴克区	高新区（新市区）	水磨沟区	经开区（头屯河区）	达坂城区	米东区	乌鲁木齐县
汉族	100.00	19.45	22.41	23.19	13.13	9.44	1.16	10.15	1.07
维吾尔族	100.00	44.05	20.00	14.98	8.85	7.67	0.82	3.36	0.27
哈萨克族	100.00	18.67	13.01	11.54	4.24	2.82	9.60	6.54	33.58
回族	100.00	16.30	15.18	17.16	3.82	7.58	5.44	29.04	5.48
柯尔克孜族	100.00	40.17	24.76	23.24	5.00	2.05	0.68	2.31	1.79
蒙古族	100.00	27.80	27.17	21.90	9.44	5.92	0.25	6.22	1.30
锡伯族	100.00	30.72	24.59	24.53	8.76	8.91	0.04	2.29	0.16
俄罗斯族	100.00	33.32	27.33	20.33	8.16	4.85	0.33	5.65	0.03
塔吉克族	100.00	37.59	14.48	35.52	5.86	4.14	0.34	2.07	0.00
乌孜别克族	100.00	56.38	20.71	12.91	4.25	2.15	0.05	0.70	2.85
塔塔尔族	100.00	54.86	17.52	13.51	3.40	1.10	0.40	2.20	7.01
满族	100.00	23.18	24.92	26.53	9.43	8.81	0.89	6.18	0.06
达斡尔族	100.00	31.61	24.58	25.92	6.86	4.85	0.33	5.18	0.67
其他民族	100.00	19.82	23.20	20.95	8.25	9.73	2.18	14.80	1.07

4. 经济发展与产业格局

城市经济的发展带来了空间经济结构的演替（王铮等，2010），产业结构升级引起城市内部结构的变迁，产业结构演进会引起城市用地结构变化、城市功能地域调整和城市空间形态优化，从而导致城市空间结构的调整。同时，产业结构的升级离不开城市空间形态的扩展、城市新区开发等城市化的空间支撑，使城市产业结构升级与城市形态演变和内部空间结构之间产生互动机制（李世杰和姚天祥，2004）。改革开放以来，乌鲁木齐市产业结构不断优化，第一产业产值比重不断下降，第二产业产值比重呈下降趋势，第三产业产值比重不断上升，三次产业就业结构也随之发生变化。乌鲁木齐市第一和第二产业就业比重下降，第三产业就业比重呈上升趋势（图1-7）。乌鲁木齐市第二产业从业人员比重不断下降，由1987年的50.66％下降到2012年的24.91％，主要是乌鲁木齐市随着城市工业化进程的加快，产业结构调整，工业郊区化趋势，第二产业就业人员在空间上更趋集中。

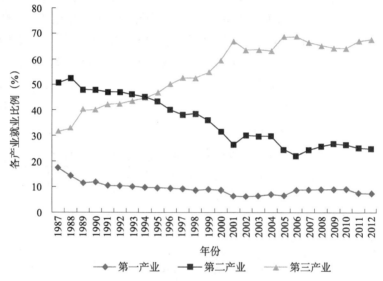

图1-7　乌鲁木齐市历年三次产业就业结构（1987～2012年）

资料来源：乌鲁木齐统计局，2013

20世纪90年代初至今，乌鲁木齐城市化进入高速发展阶段，城市建成区面积迅速扩大，工业用地则以开发区建设的形式扩展。城市边缘以工业为基础的城市组团逐渐壮大，与城市中心连接成片，开发区与昌吉市相接，米泉和东山紧密结合形成米东区。以工业为主的头屯河区和米东区的发展，吸引了大量产业工人，从而使城市东北、西北扇面成为一般工薪阶层较为集中的区域，而以行政、商贸和文化为主要职能的老城区则成为机关、事业单位、企业管理人员和商业工作人员的聚居区（董雯等，2011）。目前，乌鲁木齐高新技术产业开发区形成了以新能源、新材料为特色主导，以装备制造、生物医药产业为支柱的特色战略性新兴产业。

根据《乌鲁木齐市主体功能区划》，"南部山区及农业区域"，发展生态旅游、文化创意、低碳风能、生态科技、农林牧业，借助产业发展带动重点城镇发展。提高农村区域公共服务水平，进一步促进农业人口入镇。"中心城区南部"，促进以商业服务、娱乐休闲、旅游服务、亚欧经贸合作为主的第三产业提升。"中心城区北部"，布局城市新区和工业园区，提升产业空间利用效率，发展现代服务业、物流业、金融业和信息产业，建设综合性产业发展区域。

三、城市特征与形态演变

1. 城市中心性

中心城市的发展水平和各级中心城市分布的疏密程度，对区域经济的发展有重大影响（胡序威，1998）。杰斐逊的城市首位法则（Jefferson，1939）表明首位城市在国家和区域的政治、聚居、社会、文化生活中占据明显优势（许学强等，1997）。我国城市首位度的省际差异研究表明（表1-12），我国省际行政中心城市对人口具有较大的集聚作用（汪明峰，2001）。新疆中心城镇中心性等级差异明显，形成"众星捧月"的空间形态，乌鲁木齐市中心性指数居第一，且远高于其他中心城镇，新疆城镇体系结构极化明显，首位度过高（卢思佳等，2010）。

表 1-12　1978～2010 年分省首位度变化[*]

省（自治区）	1978 年首位度	2010 年首位度	变化
四川	0.72	6.53	5.81
新疆	4.18	8.08	3.90
海南	—	3.34	3.34
宁夏	1.16	2.87	1.71
安徽	0.96	2.5	1.54
云南	5.53	6.95	1.42
黑龙江	2.28	3.44	1.16
河南	1.44	2.32	0.88
广西	1.08	1.89	0.81
吉林	1.63	2.32	0.69
江西	2.74	3.10	0.36
湖南	2.31	2.66	0.35
河北	0.98	1.30	0.32
内蒙古	0.54	0.79	0.25
山西	2.07	2.32	0.25
山东	1.00	1.00	0.00
陕西	6.11	5.97	−0.14
贵州	3.67	3.52	−0.15
浙江	2.38	1.92	−0.46
江苏	2.56	1.76	−0.80
辽宁	2.56	1.47	−0.11
福建	2.24	0.91	−1.33

续表

省（自治区）	1978年首位度	2010年首位度	变化
湖北	7.35	5.26	−2.09
广东	5.02	0.94	−4.08
甘肃	9.13	4.48	−4.65

资料来源：求煜英和宁越敏，2014

＊首位度：以地级市城市城镇人口为基础经过计算得到

新疆的区域性中心城镇的实力都很差。一方面，较弱的中心性导致区域中心城镇的集聚能力脆弱；另一方面，较弱的集聚能力导致区域性中心城镇的辐射范围小，中心职能得不到充分发挥，难以到达周边分散的广大城镇和农村地域，辐射能力弱。因此，乌鲁木齐市作为丝绸之路上的重要通道，东西方文化的荟萃之地，是新疆城镇化发展的主要承载空间。

2. 城市形态演变

"三面环山、东西扼喉、红山居中、三水穿流、农田北踞"是乌鲁木齐市自然地形条件和空间资源的形象写照，构成了乌鲁木齐市城市空间发展的基础（中国城市规划设计院，2011）。由于城市东、西、南三面临山，只有北部为乌鲁木齐河与头屯河冲积平原的地形决定了乌鲁木齐建成区布局基本沿南北、东西方向延伸，呈北宽南窄的"T"字形。城市南面用地空间狭窄，北面则是广阔的冲积扇平原，北面由于地势平坦，大部分农业用地主要分布于此，因而也是农业人口主要分布区域（图1-8）。乌鲁木齐城市主要扩展方向：沿西北向

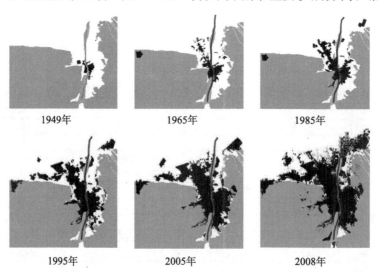

图1-8　乌鲁木齐市建成区空间扩展

资料来源：中国城市规划设计院，2011

（新市区方向）的扩展，沿西部山体北缘（西山方向）的扩展，沿东北向（东山区方向）的扩展和沿老城区外缘的扩展（Dong et al.，2007）。

乌鲁木齐市自建城至今，城市的空间形态发生了巨大的变化。城市的空间形态特征大体上可总结如下（中国城市规划设计院，2011）：

（1）受行政区划、人口和自然环境因素的影响，城市显现出"大城小郊"、独立工矿区和村镇居民散点状分布的城镇体系格局。乌鲁木齐县分布在北郊农业平原和南郊牧业山区中，这些分散的村镇居民点与中心城区联系较散，村镇之间的联系因受山区地形限制而很弱。达坂城、新疆化肥厂、盐湖化工厂、原跃进钢铁厂、南山矿区等传统的独立工矿区也因地形限制相互之间缺乏联系，而且新疆化肥厂和原跃进钢铁厂在水源地，不宜发展，盐湖化工厂和南山矿区因生活条件差人口增长极缓，所以人口集中在中心城区。

（2）乌鲁木齐城市内部用地空间结构出现多核心的分布特点（熊黑钢等，2010），城市已表现出不完整的"多中心组团式"的空间结构，即组团之间无显著的分界，多中心格局中商贸职能强，综合职能弱。当前城市的组团是在原城市总体规划中的集团区基础上发展而来，集团区之间的隔离绿地未形成，因此组团之间的界限不清晰。由于乌鲁木齐市的商贸业发达，形成大小若干个批发市场，实际上这些商圈仅以商品交易的种类而划分，并没有依托商圈形成具有综合职能的区域。

（3）南部城区的单中心态势依然很强，形成综合服务中心。北部城区中没有出现具有综合职能的城市副中心。南部城区大小十字至南门、东环路一带是迪化城的格局，这里是乌鲁木齐市的商贸金融中心。南门以南是少数民族聚居区域，也是历史上的贸易商圈，成为具有民族风情的旅游商圈。

（4）受地形限制，城市东西两侧的丘陵地区建设条件不佳，适宜作为生态绿化。1997年乌鲁木齐市出台了《城市荒山绿化管理办法》，鼓励单位和个人以承包方式绿化城市周边的丘陵区域，这些已绿化和正在绿化的丘陵区域将成为城市的生态屏障，改变城市的生态格局。

3. 城市社会空间变化

乌鲁木齐于1755年（清乾隆二十年）建城，建城初期有两座城池，分别是满城巩宁城和汉城迪化城，形成了地域上并列的"双子城"。巩宁城以军事职能为主，驻扎清军士兵及其家眷；迪化城以商业职能为主，以经商的汉族人口居多（黄达远，2010）。1864年巩宁城和迪化城均毁于战火，战后二城合一建了新的迪化城，原来的"双子城"变成单一城市。新建迪化城社会经济得到较快发展，城池的商业中心（今位于老城区的大小十字一带）开始形成。新建的迪化城内部形成了汉人区、满人区、萨尔特人（维吾尔族人）区和俄侨民区，"一城四区"的空间格局。沙俄帝国覆灭后，俄侨民区便消失，逐渐被萨尔特人区取代，二区融为一体，满人区和汉人区也逐步融合成为一体，城市由原来的"一城四区"演变为"一城两区"，"两区"以南门城墙为界，南门以南主要为少数民族居住区，以北则是统治阶级达官贵人居住区。抗日战争时期，南门城墙被拆除，乌鲁木齐城市空间整体连片，城市南北居住人口开始逐渐融合，形成了新的社会空间结构。新中国成立后一些国家机关和企事业单位迁入南门以南区域，形成民汉混居的居住格局。目前，新疆经济社会快速发展，城镇化进程加快，各族居民的生产方式、生活方式正在发生巨大变化。老城区改造带来的居民迁移，大量的少数民族聚居的城郊乡村被纳入快速城市化进程，富民安居、牧民定居工程中的农牧民进城安置，同时，许多社区的人口居住格局、民族分布格局随之变迁，市场经济带动大量的人口流动改变着社区人口的结构（李晓霞，2012）。

第二章　乌鲁木齐城市社会空间分异

城市社会要素在空间上呈现出明显的不均衡分布（冯健，2005）。进入 21 世纪，城市社会空间转型下的空间变化更为剧烈（李志刚和顾朝林，2011）。城市社会空间结构是各类社会要素在城市空间相互耦合的宏观表现，剖析城市各类单一社会要素空间分布特征及其演变过程，是探求城市社会空间结构特征及其演变机制的基础性工作（李传武，2010）。本章以 ArcGIS 软件为技术支撑，利用分街道（乡、镇）一级人口普查和调查数据，对 1982 年、2000 年、2011 年乌鲁木齐城区人口密度、流动人口、老龄人口、不同学历人口、不同职业、行业人口等主要单一社会指标的空间分异情况进行探讨，并运用信息熵、分异指数、隔离指数等模型测算 1982～2011 年乌鲁木齐城市各社会要素的分异变化趋势。

第一节　研究区域与数据来源

一、研究区域

研究范围确定为乌鲁木齐市市辖区的天山区、沙依巴克区、经开区（头屯河区）、高新区（新市区）和水磨沟区（图 2-1）。1982 年的研究范围包括 27 个街道，2011 年的研究范围包括 56 个街道、1 个镇、4 个乡（表 2-1）。研究区涵盖乌鲁木齐目前主要城市建成区范围，总人口占市域总人口的 89.27%。

表 2-1　1982～2011 年研究范围包含的行政单元

乌鲁木齐行政区	1982 年	2011 年
天山区	东门街道、和平路街道、解放北路街道、解放南路街道、胜利路街道、团结路街道、新华北路街道、六道湾街道	东门街道、和平路街道、红雁街道、碱泉街街道、解放北路街道、解放南路街道、青年路街道、胜利路街道、团结路街道、新华北路街道、新华南路街道、幸福路街道、延安路街道、燕尔窝街道
沙依巴克区	八一街道、长江路街道、黄河路街道、红十月街道、炉院街街道、西山街道、友好路街道	八一街道、长江路街道、和田街道、红庙子街道、炉院街街道、西山街道、雅马里克山街道、扬子江路街道、友好北路街道、友好南路街道

续表

乌鲁木齐行政区	1982年	2011年
水磨沟区	水磨沟街道、苇湖梁街道、卡子湾街道、东山街道、石化街道	八道湾街道、六道湾街道、南湖北路街道、南湖南路街道、七道湾街道、水磨沟街道、苇湖梁街道、新民路街道
经开区（头屯河区）	火车西站街道、头屯河街道	北站西路街道、火车西站街道、头屯河街道、王家沟街道、乌昌路街道
高新区（新市区）	北京路街道、二工街道、三工街道、大地窝铺街道、小地窝铺街道	安宁渠镇、高新街道、北京路街道、北站东路街道、地窝堡乡、二工街道、二工乡、杭州路街道、喀什东路街道、南纬路街道、三工街道、石油新村街道、天津路街道、银川路街道、迎宾路街道、六十户乡、青格达湖乡
米东区		地磅街道、古牧地东路街道、古牧地西路街道、卡子湾街道、米东南路街道、石化街道

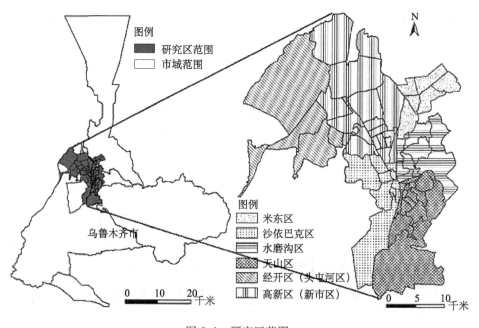

图 2-1　研究区范围

二、数据来源

1. 人口普查数据

人口普查数据主要来源于乌鲁木齐市城区分街道（乡、镇）人口普查数据。普查内容包括总人口、总户数、性别比等基本人口信息，人口民族构成，人口年龄构成，人口文化教育程度，人口行业、职业构成等。

2. 调查和部门数据

主要来源于乌鲁木齐市规划设计研究院 2011 年 2 月街道调查资料、2011 年上半年公安人口统计年报和新疆人口与计划生育委员会相关统计资料。包括分街道人口总量、性别比、流动人口（包括疆内流动人口和疆外流动人口）、人口民族构成、人口年龄构成、人口文化教育程度、人口行业构成等。

3. 其他图件和数据

其他图件和数据主要有分区、街道行政区划图。各区县区划图来源于《新疆维吾尔自治区行政区划简册 2010》；街道行政区划图来源于乌鲁木齐城市总体规划相关图件。

乌鲁木齐市相关社会经济数据来源于乌鲁木齐统计年鉴，各街道面积数据利用 ArcGIS 9.2 提取得到。

第二节　居住人口空间分异

一、主要少数民族人口空间分异

维吾尔族、回族和哈萨克族是乌鲁木齐市主要的少数民族，总体来看（图 2-2），城市南面的团结路街道、胜利路街道、和平路街道、延安路街道、红雁街道是维吾尔族、回族和哈萨克族相对集中的街道，也是历史上少数民族集中分布的区域。50 多年来，政府的融合"媒介"作用，使少数民族在城市北面分布数量不断增加。

维吾尔族人口主要集中于城市南面老城区一带，包括解放南路街道、团结路街道、胜利路街道、和平路街道、延安路街道，其空间格局具有一定的历史继承性。南门及以南区域自清末以来一直是维吾尔族人口集中分布的区域。新中国成立以来，政府行政力量对少数民族人口分布格局的改变起到了重要作用，通过企事业单位迁入南门以南区域，并采取一系列促进民族混居的措施，使南门以南区域汉族人口不断增加，由原来的民族人口高度聚居向民汉混居格局转变，同时维吾尔族人口在北京路街道、杭州路街道、苇湖梁街道和头屯河街道等城市北部区域的分布也不断增加。回族人口在乌鲁木齐各个区域的分布相对均匀，和其他民族的混居性相对较好，但也有两块区域回族人口相对集中：一是位于城市南面的和平路街道及附近区域；二是位于城市北面的二工乡、安宁渠镇、古牧地西街道和古牧地东街道。哈萨克族人口相对集中分布于城市南面的团结路街道、胜利路街道、延安路街道和红雁街道，杭州路街道和八一街街道的哈萨克族人口也较为集中。

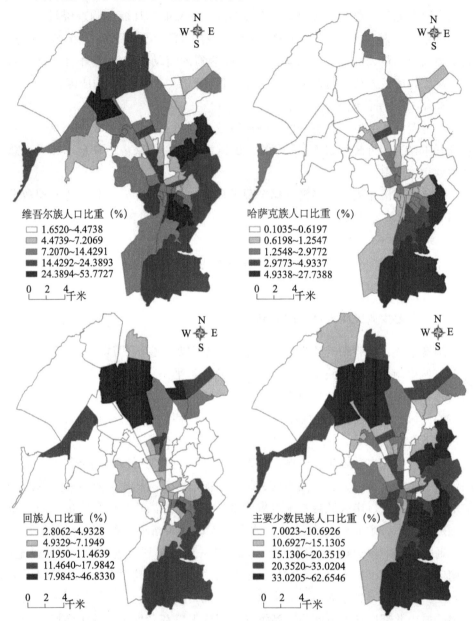

图 2-2 乌鲁木齐市主要少数民族人口空间分异

二、人口密度空间分异

人口密度以老城区为中心，大致呈同心圆状向外随距离增加而降低。人口密度最大的是解放南路街道和解放北路街道（人口密度分别为45 858人/千米^2、33 757人/千米^2），密度最小的为乌昌路街道（52人/千米^2），空间差异悬殊。人口密度较高的包括新华北路、解放北路、解放南路、长江路、和田街、团结路等位于城市商业核心区的街道，并以此为中心，向外围呈现同心圆式衰减。位于城市远郊区的部分街道人口密度也比较大，如东北面的原属米泉市的古牧地东街道、古牧地西街道和米东南路街道，以及城市西北面宝钢集团新疆八一钢铁有限公司所在地头屯河街道（图2-3）。头屯河区作为乌鲁木齐市主要钢铁工业

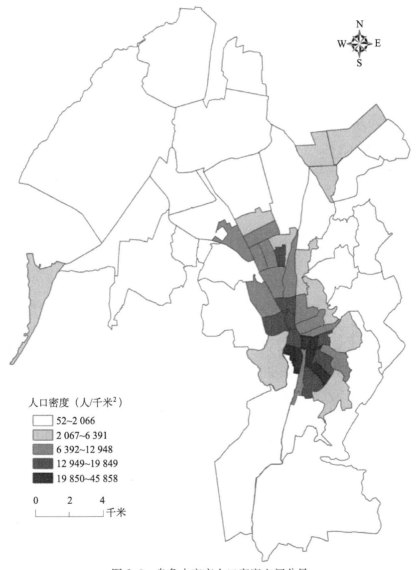

图2-3 乌鲁木齐市人口密度空间分异

基地，2010 年八钢集团职工就已达到 25 352 人，再加上周围围绕钢铁企业而发展起来的上下游企业的从业人员，因而成为人口密度较大的区域；古牧地东街道、古牧地西街道和米东南路街道是原米泉市政治、经济和文化中心，也是米东区人口较密集的区域。同时，米东区处于乌鲁木齐市"北扩"的主方向，未来将成为承担乌鲁木齐市人口疏解、功能疏解的潜力空间生长点，该区域人口密度将有进一步增加的趋势。

三、流动人口空间分异

将流动人口分为疆内流动人口和疆外流动人口，疆内流动人口在空间分布上多集中于老城区延安路、团结路、和平路等维吾尔族人口较为集中的街道。该区域的大湾、赛马场是疆内流动人口聚集的典型片区，2011 年 2 月，来自疆内其他地州的流动人口占总人口比例分别达到 43.6%、43.79%，两个片区维吾尔族人口占总人口比例分别达到 54.1%、54.97%。这些来自疆内其他地州的流动人口中维吾尔族人口的比例较大。根据黄达远 2010 年年初对赛马场东社区的调查（黄达远，2011）表明，该社区流动人口占总人口的比重为 77.4%，流动人口中 70% 左右是维吾尔族，这些流动人口的流出地主要是南疆的和田、喀什、阿克苏等地区。黑甲山片区原本也属于疆内流动人口聚居的区域，是基础设施薄弱、自建房屋多、流动人口密集、人员构成复杂的城中村。2006 年年底，乌鲁木齐市启动棚户区改造工程，黑甲山、大湾等片区成为主要改造对象，而黑甲山片区则是改造的重中之重，大量居住于棚户区的居民被搬迁安置在教育、医疗、供水、供热等基础设施完备的新建住宅，这部分流动人口开始逐步融入到城市生活中。截至 2011 年 2 月，黑甲山片区疆内流动占总人口比例大幅下降，为 20.43%。

来自疆外的流动人口则主要分布于城市核心区外围、城市北面的经济技术开发区和高新技术开发区、米东区的古牧地东街道和古牧地西街道（图 2-4）。城市核心区周围疆外流动人口聚集的街道多为主要贸易市场所在地或者临近贸易市场。例如，炉院街街道是火车站所在区域，而且街道辖区范围内还分布有新疆国际商贸城、国内外贸易批发市场、新疆商贸城等贸易市场。经济技术开发区、高新技术开发区和古牧地东街道则作为乌鲁木齐市的主要高新技术产业和工业基地。因此，这片区域吸引了以经商和务工为主的来自新疆以外的流动人口。

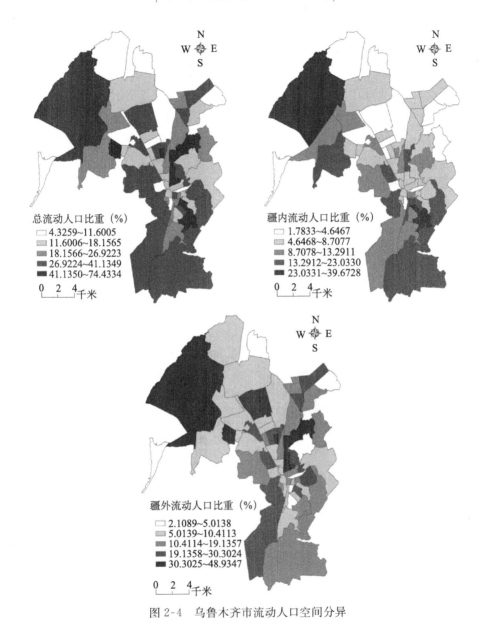

图 2-4 乌鲁木齐市流动人口空间分异

四、老龄人口与退休人口空间分异

65 岁及以上年龄段人口比例最高的街道主要分布于老城区的和田街、扬子江路街道以及城市西北扇面和东北扇面的头屯河、石油新村、迎宾路、卡子湾、地磅、水磨沟等街道，城市北面的六十户乡和青格达乡老龄人口比例也较高；比例较低的街道主要为流动人口较集中的区域，包括延安路、和平路、南湖南路、高新技术开发区等街道（图 2-5），说明以劳动年龄为主的流动人口使上述街道人口年龄结构趋于年轻化。退休人口的空间分布和 65 岁及以上年龄段人口存在一定的相似性，比例较高的街道主要为兴起于 20 世纪 50~70 年代的工业基地，或者是政府和事业单位所在地，当时的大批职工现在大部分已是退休年龄。北面的六十户乡和青格达乡 65 岁以上人口比例大而退休人口比例小，说明农村地区大部分老龄人口由于年轻时没有工作单位而得不到相应的政府养老保障，主要依靠子女养老。

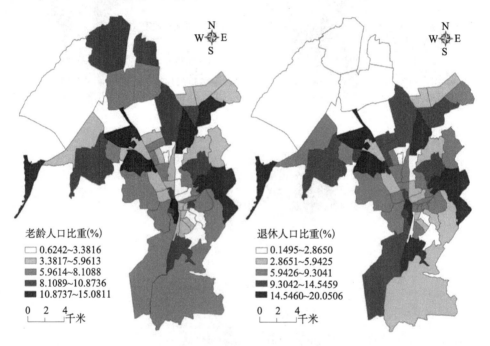

图 2-5　乌鲁木齐市区老龄人口与退休人口空间分异

五、学历人口空间分异

高学历人口主要集中于天山区、沙依巴克区和新市区，其中北京路、胜利路、八一街、解放北路、青年路、友好路、幸福路、杭州路等街道大专以上学历人口的比例最大，是新疆高等院校及研究所的主要集中地（图 2-6）。文盲人口分布格局与高学历人口比重分布趋势相反，比例高的街道主要分布于城市边缘，包括南面的红雁街道和北面的二工乡、地窝堡乡等远郊乡村地区。

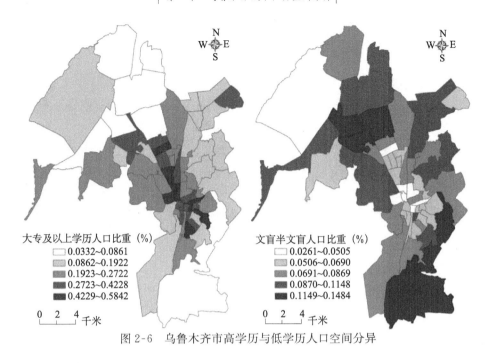

图 2-6　乌鲁木齐市高学历与低学历人口空间分异

第三节　就业人口空间分异

一、农业与非农人口空间分异

农业人口主要分布于城市边缘区域，以北面的二工乡、安宁渠镇、六十户乡、青格达乡和地窝堡乡为主。非农人口分布格局同农业人口相反，北面远郊区非农人口比例最小，比例较高的包括天山区的幸福路、青年路街道，沙依巴克区的八一街、友好南路、和田街、扬子江路等街道，新市区的北京路、杭州路、三工、迎宾路、石油新村等街道，头屯河区的头屯河街道（图 2-7）。这些街道知识分子比例较高，或者政府和事业单位从业人员比例高，或者是主要工业基地，工人比例较高。

二、第二产业就业人口空间分异

第二产业就业人口比重高的街道主要分布于城市东北和西北两个方向。西北面的头屯河街道、火车西站街道及东北面的石化街道比例最高，均在30%以上（图 2-8）。头屯河街道是新疆重要的钢铁工业基地，火车西站街道是乌鲁木齐客货流的重要集散地，石化街道是中国石油乌鲁木齐石油化工总厂所在地，这三个街道及其周围区域还分布有石油器材库等大中型企业，形成了以储运、

建材、冶金、机械等行业为主体的工业体系，因而成为乌鲁木齐第二产业就业
人口最集中的街道。

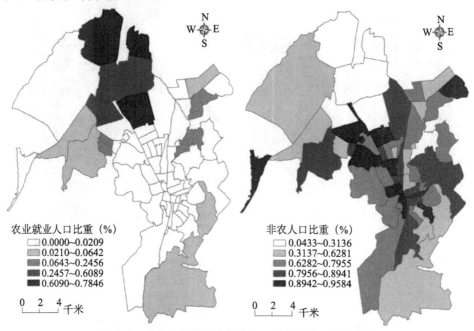

图 2-7　乌鲁木齐市农业就业人口及非农人口空间分异

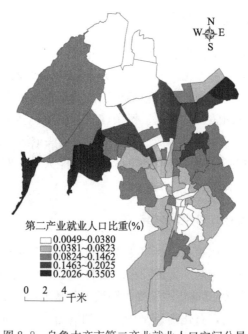

图 2-8　乌鲁木齐市第二产业就业人口空间分异

三、第三产业就业人口空间分异

第三产业就业人口比重高的街道主要分布于城市商业核心区，包括天山区北面、沙依巴克区东北面、水磨沟区西面和新市区南面区域，即上述4个区交界的街道。比重最高的为新华北路街道、解放北路街道和高新技术开发区，比重均在50％以上。再将第三产业细分为机关与企事业管理人员、商业工作人员和服务性工作人员，分别探讨各职业人口的空间分异。机关与企事业管理人员比例最高的为新华北路街道和解放北路街道及其周边的几个街道，是自治区及市政府办公所在地，北京路、友好北路、二工和南纬路街道的比例也比较高。服务性工作人员也主要分布于新华北路街道和解放北路街道及其周边的几个街道，高新技术开发区、南湖北路、六道湾街道的比例也较高，在10％以上。商业工作人员比例较高的街道主要分布于城市核心区外围和米东区的古牧地东街道、古牧地西街道，和疆外流动人口分布格局具有一定的相似性（图2-9）。

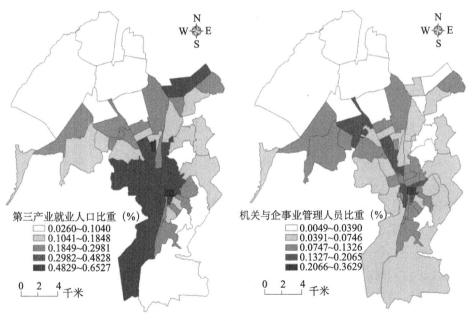

图 2-9

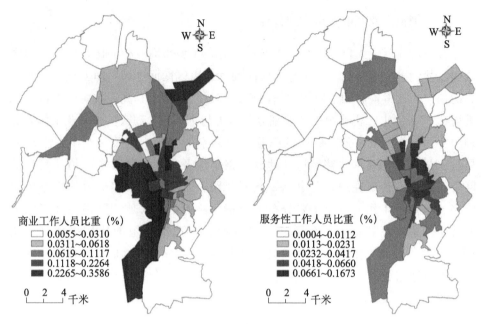

图 2-9　乌鲁木齐市第三产业就业人口空间分异

第四节　社会空间分异重构

一、社会要素统计特征

从人口基本特征上看，人口密度的平均值、极差、标准差均在扩大，说明 1982～2000 年乌鲁木齐城市人口密度不断增加的同时，各个街道人口密度整体差异在不断扩大，人口密度最大的解放南路和解放北路等位于城市商业核心区的街道对人口具有更强的吸引力，与人口密度最小的街道差异在扩大。1982～2011 年，性别比和户均人数的平均值在下降，老龄人口比例的平均值在增加，同时以上 3 个指标的极差和标准差则在扩大。说明研究区内整体上女性人口增长率要高于男性人口，计划生育政策的实施使得家庭平均规模不断减小，老龄人口比例不断增加，但以上 3 个指标的空间差异在扩大。流动人口比例的平均值在增加，但极差和标准差在减小，说明流动人口分布的空间均衡性增强。

从主要少数民族人口分异特征看，维吾尔族和哈萨克族人口占总人口比重的平均值在不断增加，极差和标准差均在扩大；回族人口占总人口比重的平均值则有所下降，且极差和标准差均减小。

从教育水平上看，低学历人口比重的平均值在不断下降，包括文盲半文盲人口、小学学历人口和中学学历人口，而高学历人口比重的平均值在增加，大专及以上学历人口比重的平均值由 1982 年的 5.18% 增加到 2011 年的 31.73%。文盲半文盲人口比重、小学学历人口比重的极差、标准差整体呈降低趋势，中学学历人口和大专及以上学历人口的极差、标准差则在增加。

从职业构成上看，三次产业就业人口的极差和标准差均在增加，第二产业就业人口比重的平均值在减小，而第一产业和第三产业就业人口比重的平均值则在增加（表 2-2）。第二产业和第三产业就业人口比重的变化符合乌鲁木齐市从业人员产业分布的变化趋势，即随着首府城市经济的不断发展，城市"退二进三"政策的引导，第二产业就业人口的比重会不断下降，第三产业就业人口的比重会不断上升。

表 2-2　1982 年、2000 年、2011 年乌鲁木齐市社会相关指标统计特征值

指标	分异对象	1982 年			2000 年			2011 年		
		平均值	极差	标准差	平均值	极差	标准差	平均值	极差	标准差
人口基本特征	人口密度（人/千米²）	7 648.01	23 633.50	6 815.10	12 899.90	34 803.47	10 692.69	12 958.55	45 388.64	12 213.32
	性别比	105.54	22.17	5.38	—	—	—	96.50	37.13	9.39
	户均人数（人）	4.14	0.61	0.17	3.27	1.32	0.32	—	—	—
	老龄人口占总人口比重（%）	7.06	5.73	1.43	7.65	6.93	2.39	8.00	12.23	3.66
	流动人口占总人口比重（%）	—	—	—	24.31	44.29	10.43	25.13	41.98	9.83
	疆内流动人口占总人口比重（%）	—	—	—	—	—	—	9.00	26.39	5.91
	疆外流动人口占总人口比重（%）	—	—	—	—	—	—	11.13	26.90	7.40
主要少数民族	维吾尔族占总人口比重（%）	11.79	34.29	8.50	16.42	44.43	11.44	17.22	49.79	14.31
	哈萨克族占总人口比重（%）	0.62	2.54	0.68	1.00	3.22	0.78	1.21	3.63	0.91
	回族占总人口比重（%）	6.22	38.00	7.41	5.59	16.24	3.21	5.96	14.91	2.95

指标	分异对象	1982年			2000年			2011年		
		平均值	极差	标准差	平均值	极差	标准差	平均值	极差	标准差
教育水平	文盲半文盲人口占6岁以上人口比重（%）	17.38	15.68	3.77	7.59	6.65	1.81	7.24	11.14	2.35
	小学学历人口占6岁以上人口比重（%）	45.81	30.01	7.53	20.08	22.30	5.02	14.16	21.29	5.67
	中学学历人口占6岁以上人口比重（%）	66.00	15.15	3.82	55.74	23.89	5.72	51.80	34.43	9.98
	大专及以上学历人口占6岁以上人口比重（%）	5.18	15.19	4.25	19.59	43.60	10.23	31.73	51.22	15.03
职业构成	第一产业就业人口占总人口比重（%）	0.46	1.49	0.39	—	—	—	2.35	47.78	9.03
	第二产业就业人口占总人口比重（%）	29.84	19.26	5.08	—	—	—	18.98	33.94	9.57
	第三产业就业人口占总人口比重（%）	21.85	21.68	6.20	—	—	—	29.14	60.80	16.30
	机关与企事业管理人员占总人口比重（%）	5.95	8.80	2.39	—	—	—	3.67	11.73	2.54
职业构成	商业工作人员占总人口比重（%）	2.97	7.41	2.08	—	—	—	9.86	31.08	8.65
	服务性工作人员占总人口比重（%）	4.58	5.49	1.20	—	—	—	4.28	16.42	4.62

二、社会空间系统分异重构

信息熵的变化可以在一定程度上反映整体系统的复杂程度和有序化程度，基于空间数据的系统信息熵越大，整体系统越复杂。信息熵的变化也可以在一定程度上反映系统分布的均衡程度，即基于空间数据的系统信息熵越大，空间差距越小，空间分布也越趋于均衡。乌鲁木齐市1982～2011年的绝大部分指标信息熵均在2.8～3.3比特。30年来，三次产业就业人口及各职业类型就业人员的信息熵均呈减小趋势（机关工作人员除外），其中，减小幅度最大的是第一产业就业人口，农业人口的空间系统趋于简单化，农业人口空间系统的这种变化特点与近30年来乌鲁木齐城市产业结构调整与演变趋势相一致，即城区农业人口不断减少并趋于消失，近郊区的农业也逐渐被第一产业和第三产业替代，农业逐渐向远郊区的少数乡镇集中，整体上处于萎缩状态（表2-3）。

表2-3　1982年、2000年、2011年乌鲁木齐市社会相关指标信息熵及其变化

指标	分异对象	信息熵			不同时段差值		
		1982年	2000年	2011年	1982～2000年	2000～2011年	1982～2011年
人口基本特征	性别比	3.295	—	3.363	—	—	0.068
	家庭户平均每户人数	3.295	3.363	—	0.068	—	—
	老龄人口	3.213	3.287	3.249	0.074	−0.038	0.036
	流动人口	—	3.245	3.144	—	−0.101	—
	疆内流动人口	—	—	3.009	—	—	—
	疆外流动人口	—	—	3.107	—	—	—
主要少数民族	维吾尔族人口	3.022	3.091	2.941	0.069	−0.150	−0.081
	哈萨克族人口	2.709	2.951	2.888	0.242	−0.063	0.179
	回族人口	2.972	3.185	3.170	0.213	−0.015	0.198
教育水平	文盲半文盲人口	3.228	3.258	3.283	0.030	0.025	0.055
	小学学历人口	3.223	3.310	3.255	0.087	−0.055	0.032
	中学学历人口	3.220	3.293	3.298	0.073	0.005	0.078
	大专及以上学历人口	2.827	3.103	3.123	0.276	0.020	0.296
职业构成	第一产业就业人口	2.844		1.575	—	—	−1.269
	第二产业就业人口	3.214		2.911	—	—	−0.303
	第三产业就业人口	3.182		3.151	—	—	−0.031
	机关与企事业管理人员	3.137		3.158	—	—	0.021
	商业工作人员	3.073		2.939	—	—	−0.134
	服务性工作人员	3.212		2.917	—	—	−0.295

三、社会要素绝对空间分异重构

基于空间数据的绝对分异指数是相对于绝对均衡分布的一种空间分异。1982～2011年，除哈萨克族人口、回族人口、中学学历人口、大专及以上学历人口的绝对分异指数减小外，其他指标的指数值均呈增加趋势，说明大部分指标的空间分布在向着不均衡方向发展。1982～2000年，绝对分异指数增加的有家庭户平均每户人数、维吾尔族人口、文盲半文盲人口，指数值减小的指标包括老龄人口、哈萨克族人口、回族人口、小学学历人口、中学学历人口、大专以上学历人口。2000～2011年，各指标绝对分异指数的增减趋势大致和1982～2000年相反，指数值减小的指标包括文盲半文盲人口、大专及以上学历人口，指数值增加的指标包括老龄人口、主要少数民族人口、小学学历人口、中学学历人口。从教育水平上看，文盲半文盲人口、中学学历人口和大专及以上学历人口的绝对分异指数在减小，小学学历人口的绝对分异指数在增加。从职业构成上看，绝对分异指数最高的为第一产业就业人口，2011年其绝对分异指数达到0.793，说明第一产业就业人口在空间上高度集中，空间分布差异大。商业工作人员和服务性工作人员

的绝对分异指数也较大，分别为 0.397 和 0.391。流动人口的绝对分异指数略有增加，其中，疆内流动人口的指数高于疆外流动人口，说明疆内流动人口的空间聚集度高于疆外流动人口（表 2-4）。

表 2-4　1982 年、2000 年、2011 年乌鲁木齐市社会相关指标绝对分异指数及其变化

指标	分异对象	绝对分异指数			不同时段差值		
		1982 年	2000 年	2011 年	1982~2000 年	2000~2011 年	1982~2011 年
人口基本特征	性别比	0.020	—	0.039	—	—	0.019
	家庭户平均每户人数	0.017	0.038	—	0.021	—	—
	老龄人口	0.162	0.144	0.186	−0.018	0.043	0.024
	流动人口	—	0.215	0.275	—	—	—
	疆内流动人口	—	—	0.342	—	—	—
	疆外流动人口	—	—	0.292	—	—	—
主要少数民族	维吾尔族人口	0.287	0.298	0.361	0.010	0.063	0.073
	哈萨克族人口	0.416	0.372	0.404	−0.044	0.032	−0.012
	回族人口	0.289	0.225	0.241	−0.064	0.016	−0.048
教育水平	文盲半文盲人口	0.153	0.205	0.173	0.051	−0.032	0.019
	小学学历人口	0.168	0.146	0.208	−0.022	0.062	0.040
	中学学历人口	0.169	0.149	0.154	−0.020	0.005	−0.014
	大专及以上学历人口	0.386	0.295	0.280	−0.090	−0.015	−0.106
职业构成	第一产业就业人口	0.384	—	0.793	—	—	0.409
	第二产业就业人口	0.180	—	0.367	—	—	0.186
	第三产业就业人口	0.196	—	0.278	—	—	0.082
	机关与企事业管理人员	0.239	—	0.303	—	—	0.064
	商业工作人员	0.277	—	0.397	—	—	0.120
	服务性工作人员	0.172	—	0.391	—	—	0.219

四、社会要素相对空间分异重构

计算相对于总居住人口分布的相对分异指数。如果一个时段某一指标的相对分异指数减小，说明其相对于总人口空间分布格局的一致性变强（冯健和周一星，2008）。乌鲁木齐市相对分异指数变化和绝对分异指数变化趋势大体一致。1982~2011 年，除了性别比、哈萨克族人口、回族人口、大专及以上学历人口外，其他指标的相对分异指数均呈增加趋势。说明大部分社会指标空间分布格局与总人口分布格局的差异性增强。

主要少数民族中，分异度最大的是哈萨克族人口，其次是维吾尔族人口，回族人口的分异度最低。1982~2000 年和 2000~2011 年两个阶段的分异度变化趋势有所不同。1982~2000 年，三个主要少数民族的相对分异指数均呈下降趋势，相对于总人口空间分布格局的一致性增强，混居性不断增强；2000~2011 年，维吾尔族人口和哈萨克族人口的相对分异指数增加，表明这个时间段

维吾尔族人口和哈萨克族人口有向一定区域集中的趋势，混居程度有所下降，且维吾尔族人口的这种趋势更加明显，相对分异指数变化值为 0.043，大于哈萨克族人口（0.018）；而回族人口的相对分异指数依然保持下降趋势，说明回族人口在不断融入总人口分布格局中，混居性不断增强。

从不同教育水平的人口分异情况来看，1982 年、2000 年、2011 年三个时间段高学历（大专及以上学历）人口的相对分异指数均为所有学历人口中最大的，而 2011 年的相对分异指数低于 1982 年，表明 1982 年以来社会经济的发展和整体教育水平的提高，高学历人口比例不断增加且空间分布均衡性有所增强，但其在城市中仍然作为少数群体集中于高校、科研院所和大型国有企业所在的区域。1982 年文盲半文盲人口的相对分异指数最低，至 2011 年中学学历人口的相对分异指数最低，这也体现了乌鲁木齐城市人口整体教育水平的提高，主要学历人群发生变化，即由 1982 年的文盲半文盲人口为主演变为 2011 年的中学学历人口为主。

从不同职业人口分异情况来看，2011 年与 1982 年相比，第一产业、第二产业和第三产业就业人口的相对分异指数均呈增加趋势，相对于总人口的空间分布格局一致性在减弱，这是由于城市功能分区和各职能区域专业化程度不断提升的结果。1982 年，相对分异指数最大的是第一产业就业人口，最小的是第二产业就业人口，表明 20 世纪 80 年代乌鲁木齐城区大部分就业人口分布于第二产业，第二产业就业人口空间差异性最小，而第一产业则主要集中于城市郊区的少数几个街道（乡、镇）。30 年来，第一产业、第二产业就业人口空间分布均经历了较大幅度的分异与重构过程，第一产业就业人口的相对分异指数值上升幅度（0.507）最大，其次是第二产业就业人口（上升幅度为 0.338），表明第一产业不断萎缩，从业人员在空间分布上高度集中，主要分布于城市北面远郊区的少数几个乡镇；而第二产业也趋于萎缩，从业人员比重不断缩小，正在向城市东北、正北和西北扇面的少数几个工业园区集中。30 年来，随着城市经济的发展，产业结构不断优化升级，第二产业就业人口比重不断缩小，老城区由 80 年代的工业生产职能逐步向商贸、文化、行政办公职能转变，工业逐步向城市东北面的头屯河区和西北面的米东区集中，从而造成第二产业就业人口的相对分异指数大幅上升。至 2011 年，第三产业就业人口的相对分异指数成为三次产业中最小的，说明当前乌鲁木齐城区从业人员以第三产业为主。从第三产业内部各职业就业人口情况来看，相对分异指数较高的为服务性工作人员和商业工作人员，这两种职业的从业人员空间聚集性较高（表 2-5）。

从各人口属性指标的比较情况来看，居民职业构成各指标的分异值整体偏大，而教育构成、民族构成等指标的分异值较小，乌鲁木齐市基于居民职业差异造成的空间分异较明显。居民职业的差异体现的是居民收入即经济状况的差异，因此，乌鲁木齐城市社会空间分异仅限于经济状况的差异，教育水平等其他因素的空间差异相对微弱。

表 2-5　1982 年、2000 年、2011 年乌鲁木齐市社会相关指标相对分异指数及其变化

指标	分异对象	相对分异指数			不同时段差值		
		1982 年	2000 年	2011 年	1982～2000 年	2000～2011 年	1982～2011 年
人口基本特征	性别比	0.167	—	0.163	—	—	−0.004
	家庭户平均每户人数	0.170	0.140	—	−0.030	—	—
	老龄人口	0.073	0.100	0.197	0.027	0.097	0.124
	流动人口	—	0.126	0.215	—	—	—
	疆内流动人口	—	—	0.247	—	—	—
	疆外流动人口	—	—	0.292	—	—	—
主要少数民族	维吾尔族人口	0.270	0.250	0.293	−0.020	0.043	0.023
	哈萨克族人口	0.373	0.276	0.294	−0.097	0.018	−0.079
	回族人口	0.276	0.174	0.158	−0.102	−0.016	−0.118
教育水平	文盲半文盲人口	0.070	0.148	0.115	0.078	−0.033	0.045
	小学学历人口	0.046	0.091	0.159	0.045	0.068	0.113
	中学学历人口	0.025	0.043	0.089	0.018	0.046	0.064
	大专及以上学历人口	0.312	0.197	0.198	−0.115	0.001	−0.114
职业构成	第一产业就业人口	0.337	—	0.844	—	—	0.507
	第二产业就业人口	0.064	—	0.401	—	—	0.337
	第三产业就业人口	0.109	—	0.225	—	—	0.116
	机关与企事业管理人员	0.161	—	0.202	—	—	0.041
	商业工作人员	0.259	—	0.346	—	—	0.087
	服务性工作人员	0.079	—	0.383	—	—	0.304

五、社会空间群居性和混居性状况的重构

隔离指数可以在一定程度上反映某类人口与其以外的其他人口的空间关系，即可以衡量人口的群居性和混居性状况，隔离指数越小，则该类型人口的混居性越强。在此重点选取老龄人口、主要少数民族人口、流动人口、文盲半文盲人口、大专及以上学历人口及各个职业类型人口等指标，计算隔离指数值。隔离指数的变化趋势与相对分异指数的变化相似。主要少数民族人口中，维吾尔族人口和哈萨克族人口的隔离指数在 1982～2000 年呈减小趋势，同其他民族人口的混居程度不断提高；2000～2011 年则呈增大趋势，民族群居性开始增强，而维吾尔族人口隔离指数的增幅要高于哈萨克族人口；回族人口的隔离指数在不断减小，由 1982 年的 0.276 下降到 2011 年的 0.158，同其他民族人口的混居性不断增强。30 年来，文盲半文盲人口隔离指数整体呈上升趋势，

群居性不断增强，而大专及以上学历人口隔离指数呈下降趋势，混居性不断增强，但大专及以上学历人口的隔离指数是所有学历人口中最高的，表明高学历人口空间集中度高，群居性较强，主要分布于大学、科研院所所在的区域。

从职业构成上看，所有职业人口的隔离指数均呈增加趋势，群居性不断增强，这也是城市功能分区不断细化、各功能区职能不断明晰的结果。第一产业就业人口的隔离指数最高，群居性最强，其次是第二产业就业人口，第三产业就业人口中服务性工作人员和商业工作人员的隔离指数最高（表2-6）。

表2-6　1982年、2000年、2011年乌鲁木齐市社会相关指标隔离指数及其变化

分异对象	隔离指数			不同时段差值		
	1982年	2000年	2011年	1982~2000年	2000~2011年	1982~2011年
老龄人口	0.073	0.100	0.197	0.027	0.097	0.124
流动人口	—	0.126	0.215	—	—	—
维吾尔族人口	0.270	0.250	0.293	−0.020	0.043	0.023
哈萨克族人口	0.373	0.276	0.294	−0.097	0.018	−0.079
回族人口	0.276	0.174	0.158	−0.102	−0.016	−0.118
文盲半文盲人口	0.070	0.148	0.115	0.078	−0.033	0.045
小学学历人口	0.046	0.091	0.159	0.045	0.068	0.113
中学学历人口	0.025	0.043	0.089	0.018	0.046	0.064
大专及以上学历人口	0.312	0.197	0.198	−0.115	0.001	−0.114
第一产业就业人口	0.337	—	0.844	—	—	0.507
第二产业就业人口	0.064	—	0.401	—	—	0.337
第三产业就业人口	0.109	—	0.225	—	—	0.116
机关与企事业管理人员	0.161	—	0.202	—	—	0.041
商业工作人员	0.259	—	0.346	—	—	0.087
服务性工作人员	0.079	—	0.383	—	—	0.304

第五节　社会空间分异与距离关系的重构

为了探讨乌鲁木齐城市社会要素与距离之间的分异与重构，选择出四大类共12个社会指标进行实证分析，四大类指标包括：①人口基本特征（人口密度、性别比、老龄人口、流动人口）；②主要少数民族（维吾尔族、哈萨克族、回族）；③教育水平（文盲半文盲人口比重、大专及以上人口比重）；④产业就业人口（第一产业、第二产业、第三产业就业人口比重）

解放北路街道及其附近区域的大小西门、南门一带是乌鲁木齐市最繁华的商业核心区，也是自治区政府所在地，同时还是城区人口最密集（人口密度为45 858人/千米²）的街道，其人口密度远远高于城区平均水平（8480人/千米²），也比人口密度排名第二的解放北路街道（33 757人/千米²）高出

很多。因此，本节将解放北路街道的几何中心作为量算距离的中心原点，以ArcGIS为技术支撑，取各街道（乡镇）的几何中心与中心原点的距离作为平均距离。出于研究需要，根据乌鲁木齐城市实际情况，将乌鲁木齐城区分为三部分区域：①距中心原点5千米范围内的区域为乌鲁木齐城市核心区，基本上可以涵盖老城区的主要街道；②距离中心原点5～10千米范围内的区域为城市近郊区；③距离中心原点10千米以上的其他区域为城市远郊区。

一、人口基本特征随距离变化特征

1. 人口密度以城市商业核心区为中心，向外随距离增加而降低

人口密度与距离关系显著，30年来人口密度峰值始终位于城市商业核心区范围内，2011年的峰值要高于1982年。总体来看，30年来乌鲁木齐城市人口呈现向心聚集的趋势，城市商业核心区与城市郊区人口密度差距在拉大（图2-10）。

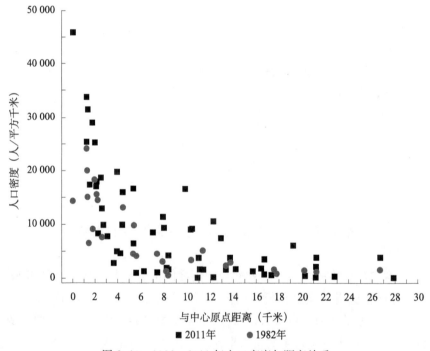

图2-10　1982～2011年人口密度与距离关系

2. 性别比与距离关系不显著，整体差异呈现扩大趋势

性别比与距中心原点的距离没有显著相关性，30年来，性别比整体呈下降趋势，总体差异也在不断扩大（图2-11）。

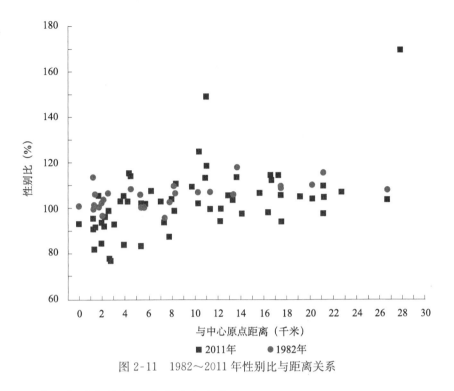

图 2-11　1982～2011 年性别比与距离关系

3. 城区街道老龄人口比重呈上升趋势

1982 年，老龄人口比重较高的街道主要分布于老城区内，老龄人口比重自中心原点向远郊区整体呈下降趋势；2011 年，位于城市远郊区的部分街道开始步入老龄化阶段，头屯河街道、地磅街道、迎宾路街道、卡子湾街道、石油新村街道的老龄化趋势最为明显，老龄人口比重均在 11% 以上。2011 年与 1982 年相比，城市核心区及其边缘近郊区的老龄人口比重有所下降，而城市远郊区老龄人口比重则整体呈上升趋势。城市核心区及其边缘近郊区是外来人口集中的区域，以劳动年龄为主的外来人口使这片区域人口年龄趋于年轻化，而城市远郊区的头屯河、地磅、迎宾路、卡子湾等街道自 20 世纪 50～60 年代开始成为乌鲁木齐市的主要工业基地，当时的一大批产业工人现已是退休年龄，因此老龄人口比重较高（图 2-12）。

4. 流动人口比重较高的街道均在距中心原点 5 千米内，疆外流动人口与距离关系不显著

将流动人口分为疆内流动人口和疆外流动人口分别进行分析，发现疆内和疆外流动人口随着距离变化规律不同。疆内流动人口比重最高的街道主要分布于距中心原点 5 千米内，在距中心原点 7～9 千米处存在第二高峰值；疆外流动人口总体呈现离散分布的空间分异特征。没有呈现同距离的显著相关性，但从散点图上可以看出，街道之间疆外流动人口比重的整体差异要比疆内流动人口大（图2-13）。

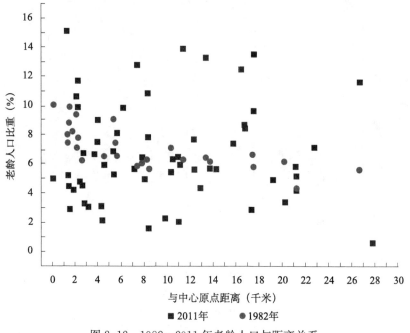

图 2-12 1982～2011 年老龄人口与距离关系

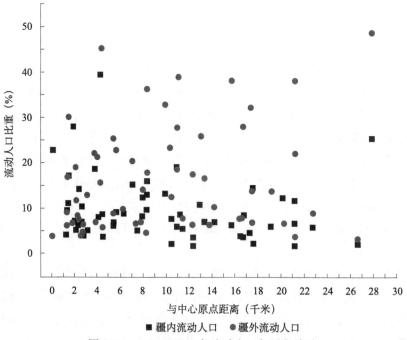

图 2-13 1982～2011 年流动人口与距离关系

二、主要少数民族人口随距离变化特征

1. 维吾尔族人口主要分布于老城区，有逐步向近郊区和远郊区分散集中的趋势

1982～2011 年，距中心原点 5 千米以内的老城区是维吾尔族人口比重最高街道的主要分布区域。7～13 千米范围内存在第二峰值，2011 年与 1982 年相比，维吾尔族人口在原有集中于老城区分布格局的基础上，在近郊区和远郊区的街道中比重不断上升（图 2-14）。

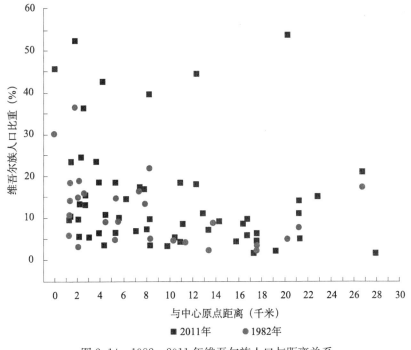

图 2-14 1982～2011 年维吾尔族人口与距离关系

2. 回族人口分布的区域均衡性较好，也存在少数高度聚居的街道

整体来看，各街道回族人口比重随距离变化不大，空间均衡性较好，但在 16～24 千米范围内存在回族人口比重较高的街道，主要位于城市北面的远郊区，大部分回族人口以从事农业活动为主（图 2-15）。

3. 哈萨克族人口比重相对较低，主要分布于老城区

哈萨克族人口比重在各街道中的比重均比较低，除红雁街道以外，城区所有街道的哈萨克族人口比重均在 4% 以下。哈萨克族人口比重相对较高的街道主要分布于老城区（图 2-16）。

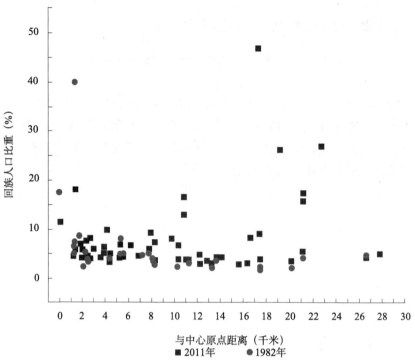

图 2-15 1982~2011 年回族人口与距离关系

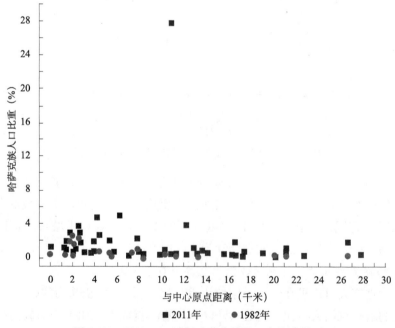

图 2-16 1982~2011 年哈萨克族人口与距离关系

三、教育水平人口随距离变化特征

1. 文盲半文盲人口比重整体呈现远郊区＞近郊区＞城市核心区的格局

30 年来，文盲半文盲人口比重整体呈下降趋势。1982 年，各街道文盲半文盲人口比重均在 10％以上，且城市核心区的文盲人口比重比较高，同近郊区、远郊区差别不大；2011 年，大部分街道文盲半文盲人口比重均在 10％以下，且随着与中心原点距离的增加，该学历人口比重呈增加趋势，文盲半文盲人口比重整体呈现远郊区＞近郊区＞城市核心区的格局（图 2-17）。

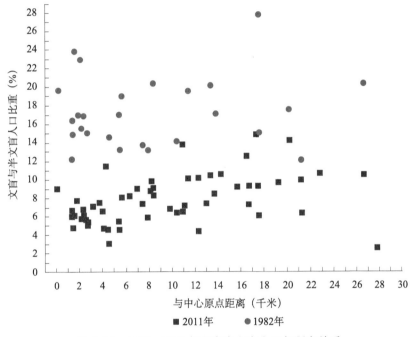

图 2-17　1982～2011 年文盲半文盲人口与距离关系

2. 大专及以上学历人口比重随着与中心原点距离的增加而较少

30 年来，乌鲁木齐市城区大专及以上学历人口比重整体呈增加趋势。1982 年，绝大部分街道的大专及以上学历人口比重在 10％以下，且整体差异不大；2011 年，大部分街道大专及以上学历人口比重在 10％以上，随着与中心原点距离的增加，该学历人口比重呈减少趋势，且整体差异在扩大（图 2-18）。

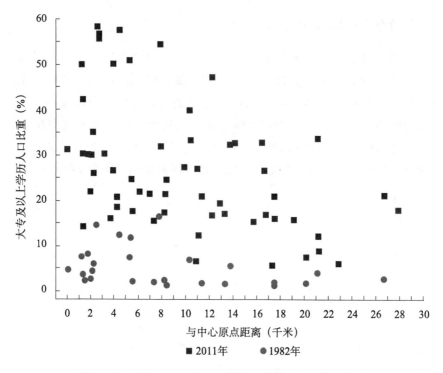

图 2-18　1982~2011 年大专及以上学历人口与距离关系

四、产业就业人口随距离变化特征

1. 第一产业就业人口集中分布于远郊区

在距中心原点 10 千米以内的范围内，第一产业就业人口比重均在 2% 以下，在 10~24 千米范围内分布有少数几个比重较高的街道（乡、镇）。整体来看，乌鲁木齐市第一产业整体呈现萎缩趋势，在城市北面的远郊区高度聚集（图 2-19）。

2. 第二产业就业人口比重整体呈下降趋势，且随着与中心原点距离的增加而增加

30 年来，第二产业就业人口比重不断下降。1982 年，所有街道第二产业就业人口比重均在 20% 以上，至 2011 年，绝大部分街道的这一比重均下降至 20% 以下，城市核心区这一比重更是下降至 10% 以下。1982 年和 2011 年的第二产业就业人口比重同距离的关系都表现为随着与中心原点距离的增加而增加，整体呈现城市核心区＜近郊区＜远郊区的分布格局，但 2011 年

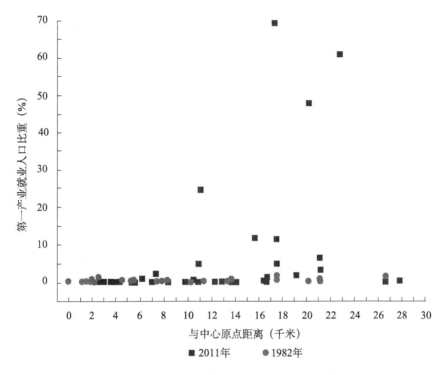

图 2-19　1982～2011 年第一产业就业人口与距离关系

的这种趋势更明显。随着"退二进三"政策的引导，城市工业开始逐步向郊区集中，而城市核心区则重点发展商贸、物流、金融、教育、文化等第三产业，第二产业不断萎缩，就业人口也相应减少，从而形成现有的就业人口分布格局（图 2-20）。

3. 第三产业就业人口比重整体呈上升趋势，且随着与中心原点距离的增加而减少

第三产业就业人口比重的时空变化趋势与第二产业就业人口比重恰恰相反。30 年来，第三产业就业人口比重整体呈上升趋势，0～10 千米内的城市核心区和近郊区第三产业就业人口比重上升的幅度最大。1982 年和 2011 年的第三产业就业人口比重同距离的关系都表现为随着与中心原点距离的增加而减小，整体呈现城市核心区＞近郊区＞远郊区的分布格局，但 2011 年的这种趋势更明显（图 2-21）。

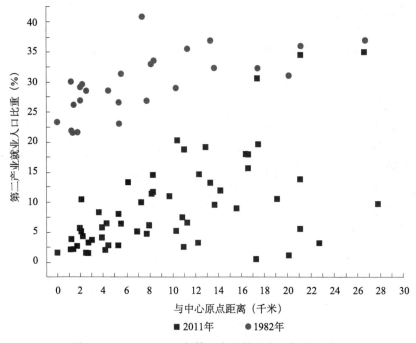

图 2-20　1982～2011 年第二产业就业人口与距离关系

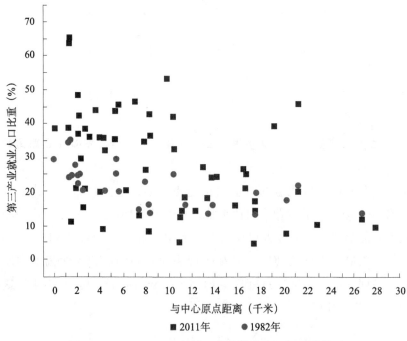

图 2-21　1982～2011 年第三产业就业人口与距离关系

五、同我国主要案例城市的比较分析

1. 同东部、中部特大城市社会空间系统分异度比较

分别以北京市、合肥市、乌鲁木齐市代表东部、中部、西部的城市，对比东部、中部、西部特大城市和大城市各项指标的信息熵，从而指出东部、中部、西部特大城市和大城市社会空间系统分异度的差异。

北京市的信息熵值在 3.792～5.475，合肥市的信息熵值在 2.492～3.388，乌鲁木齐市的信息熵值在 1.575～3.363。总体来看，北京市的社会空间系统分异度要远远高于合肥市和乌鲁木齐市。北京市的社会空间信息熵整体呈上升趋势，而合肥市、乌鲁木齐市则整体呈下降趋势。虽然三个城市都经历着社会空间系统的重构过程，但北京城市人口规模大，经济发展水平高，社会阶层和社会群体多，社会结构十分复杂，其社会空间系统呈现出向更加复杂的方向演变的趋势，相对而言，合肥市和乌鲁木齐市人口规模小、社会阶层较少，整体向着更加有序的方向演变（表 2-7）。

表 2-7 乌鲁木齐市与国内主要案例城市信息熵比较

指标	分异对象	乌鲁木齐市			北京市[①]		合肥市[②]	
		1982 年	2000 年	2011 年	1982 年	2000 年	1982 年	2000 年
人口 基本特征	性别比	3.295	—	3.363	5.231	5.472		
	家庭户平均每户人数	3.295	3.363		5.231	5.475		
	老龄人口	3.213	3.287	3.249	4.946	5.179		3.428
	流动人口	—	3.245	3.144	4.624	4.950		3.151
主要 少数民族	少数民族人口	2.901	3.075	3.000	4.144	4.644	3.361	3.339
	维吾尔族人口	3.022	3.091	2.941		3.792		
	哈萨克族人口	2.709	2.951	2.888	—	—		
	回族人口	2.972	3.185	3.170	4.237	4.786		
教育水平	文盲半文盲人口	3.228	3.258	3.283	5.026	5.299	3.373	3.397
	大专及以上学历人口	2.827	3.103	3.123	4.074	4.672	2.741	2.906
职业构成	第一产业就业人口	2.844	—	1.575	4.760	4.665	2.501	2.492
	第二产业就业人口	3.214	—	2.911	4.583	5.137	3.376	3.353
	第三产业就业人口	3.182	—	3.151	4.525	5.056	3.427	3.388
	机关与企事业单位管理人员	3.132	—	3.136	4.453	4.942	3.403	3.359
	商业工作人员	3.143	—	2.928	4.580	5.061	3.487	3.435

资料来源：①冯健和周一星，2008；②李传武，2010。

2. 同东部、中部特大城市社会空间分异特征比较

1982 年，乌鲁木齐市、北京市、南京市、合肥市的绝对分异指数值分别在 0.070～0.373、0.034～0.619、0.324～0.601 和 0.215～0.652；2000 年，乌鲁木齐市、北京市、南京市、合肥市的绝对分异指数值分别在 0.100～0.276、

0.044~0.621、0.186~0.662、0.097~0.601；2011年，乌鲁木齐市的绝对分异指数值在0.115~0.844，除第一产业就业人口的绝对分异指数值为0.844比较大以外，其他分异对象的绝对分异指数均在0.115~0.401。说明无论是东部、中部，还是西部的特大城市，其社会空间分异确实存在，但与相关社会指标的分异度值在0.6~0.8的北美发达国家相比，我国特大城市的社会空间分异相对较低。从国内几个主要案例城市的比较情况来看，北京市的绝对分异指数值普遍较高，各指标的空间分异度大于南京市、合肥市和乌鲁木齐市，南京市各指标的空间分异度大于合肥市，乌鲁木齐市的空间分异度最小（表2-8）。1982~2011年乌鲁木齐市的城市社会空间分异度整体呈上升趋势，究其原因，乌鲁木齐市在旧城改造的同时，城市功能分区日益明显。老城区逐渐扩充改造，强化了行政、商贸、文化等职能，城市进一步向北部的新市区、西北部的头屯河区、东北部的米东区等疏解城市功能，形成了北部新市区居住组团、西北部头屯河工业物流组团、东北部的米东工业园及配套居住组团。因而使不同社会背景的人口向不同区域流动集中，不同类型群体在空间上的聚集程度增强。

表 2-8　乌鲁木齐市与国内主要案例城市绝对分异指数比较

指标	分异对象	乌鲁木齐市			北京市		南京市		合肥市	
		1982年	2000年	2011年	1982年	2000年	1982年	2000年	1982年	2000年
人口基本特征	性别比	0.167	—	0.163	0.035	0.044				
	家庭户平均每户人数	0.170	0.140	—	0.034	0.044	—	—	—	—
	老龄人口	0.073	0.100	0.197	0.308	0.330	—	—		0.136
	流动人口	—	0.126	0.215	0.457	0.414	0.359	0.318		0.129
主要少数民族	少数民族人口	0.306	0.233	0.248	0.575	0.470	0.469	0.343	0.351	0.130
	维吾尔族人口	0.270	0.250	0.293	—	0.621				
	哈萨克族人口	0.373	0.276	0.294	—	—				
	回族人口	0.276	0.174	0.158	0.560	0.462				
教育水平	文盲半文盲人口	0.070	0.148	0.115	0.240	0.232	0.324	0.239	0.262	0.180
	大专及以上学历人口	0.312	0.197	0.198	0.619	0.513	0.579	0.498	0.514	0.364
职业构成	第一产业就业人口	0.337	—	0.844	0.368	0.508	0.601	0.662	0.652	0.601
	第二产业就业人口	0.064	—	0.401	0.469	0.322	0.340	0.189	0.241	0.125
	第三产业就业人口	0.109	—	0.225	0.501	0.379	0.478	0.310	0.333	0.115
	机关与企事业单位管理人员	0.156	—	0.223	0.519	0.429	0.366	0.278	0.264	0.150
	商业工作人员	0.169	—	0.365	0.489	0.365	0.322	0.186	0.215	0.097

第三章 乌鲁木齐城市社会区划分与社会结构模式

两百多年以来，乌鲁木齐城市社会空间发生了巨大变化（黄达远，2011）：清帝国时期族群分治下，乌鲁木齐市空间形态上形成汉城、满城组成的"双子城"，其中满城是军城，汉城是商城；晚清民国初年，受新疆建省以后的行政建设、民族贸易和外来政治、经济的影响，乌鲁木齐市社会空间的异质性很强，并通过有形的城墙表现出来，从而形成了城市空间上的合而不融的"一城四区"空间结构。抗日战争时期，南门城墙被拆除，乌鲁木齐城市空间整体连片，城市南北居住人口开始逐渐融合。新中国成立后，在中国共产党民族平等、团结、互助的政策下，乌鲁木齐市形成了民族混居的居住格局。随着我国经济转型，作为多民族混居的具有多元文化的城市，乌鲁木齐的城市社会空间结构同国内主要案例城市相比有着共同点，也有其特殊性（张利等，2012）。本章运用因子生态法，对乌鲁木齐市 1982 年和 2011 年的社会区进行划分，进而抽象出乌鲁木齐城市空间结构模型，并探讨 1982～2011年近 30 年乌鲁木齐市社会空间结构类型与模式的演变特征。

第一节 1982 年城市社会区划分与社会空间结构模式

一、1982 年城市社会区主因子提取

1982 年社会区主因子分析数据来源于乌鲁木齐市第三次人口普查资料，包括一般统计指标、人口民族构成、人口年龄构成、人口学历构成、人口行业构成和人口职业构成共六大类指标。

应用因子生态分析法进行分析，从主因子碎石图上可以看出选取 3 个主因子最合适（图 3-1），累计方差贡献率达到 68.899%（表 3-1）。由于因子含义不够清晰，变量过于集中在第 1 主因子上，故需对初始因子载荷矩阵进行方差最大化正交旋转，经过 25 次迭代完成收敛过程，得到旋转后的因子载荷矩阵（表 3-2）。

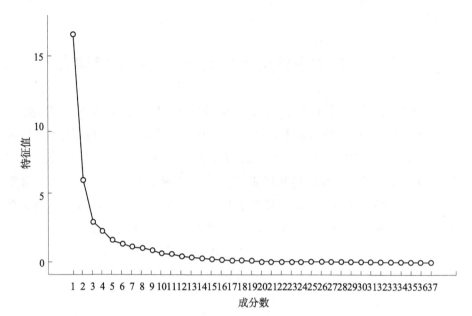

图 3-1　1982 年主因子碎石图

表 3-1　1982 年因子分析中的特征值和方差贡献率

主因子	未旋转			正交旋转		
	特征值	方差贡献率（%）	累计方差贡献率（%）	特征值	方差贡献率（%）	累计方差贡献率（%）
1	16.569	44.782	44.782	11.626	31.423	31.423
2	5.990	16.189	60.971	8.826	23.855	55.278
3	2.943	7.928	68.899	5.040	13.622	68.900

表 3-2　1982 年乌鲁木齐市社会空间结构主因子的载荷矩阵

变量类型	变量名称	各主因子载荷		
		1	2	3
一般统计指标	性别比（女＝100）	0.17	**−0.54**	−0.06
	人口密度（人/平方千米）	0.14	**0.81**	−0.07
	在业人口占总人口比例（%）	−0.01	**0.51**	−0.30
人口民族构成	汉族人口比例（%）	**0.96**	0.12	0.12
	维吾尔族人口比例（%）	0.15	0.37	**0.63**
	回族人口比例（%）	−0.07	**0.50**	0.19
	哈萨克族人口比例（%）	0.33	0.12	**0.81**
人口年龄构成	0～14 岁人口比例（%）	**0.92**	0.15	0.28
	15～64 岁人口比例（%）	**0.90**	0.29	0.32
	65 岁以上人口比例（%）	**0.71**	0.60	0.26
人口学历构成	6 岁以上大学毕业人口比例（%）	0.46	**0.56**	0.54
	6 岁以上大学肄业人口比例（%）	0.42	0.02	**0.79**
	6 岁以上高中学历人口比例（%）	**0.81**	0.48	0.21

变量类型	变量名称	各主因子载荷		
		1	2	3
人口学历构成	6 岁以上初中学历人口比例（%）	**0.92**	0.28	0.23
	6 岁以上小学学历人口比例（%）	**0.94**	0.08	0.22
	15 岁以上文盲人口比例（%）	**0.84**	0.15	0.24
人口行业构成	农牧林渔业人员比例（%）	0.46	−0.13	**0.70**
	矿业及木材采运业人员比例（%）	−0.32	−0.33	0.20
	电力煤气、自来水的生产和供应人员比例（%）	0.04	−0.04	**0.70**
	制造业人员比例（%）	**0.76**	−0.04	0.14
	地质勘探和普查业人员比例（%）	−0.04	0.00	0.06
	建筑业人员比例（%）	**0.84**	−0.11	0.06
	交通运输、邮电通信业人员比例（%）	0.40	0.02	−0.16
	商业、饮食业、物质供销及仓储业人员比例（%）	0.11	**0.88**	−0.02
	住宿管理、公用事业管理和居民服务业人员比例（%）	0.19	**0.82**	0.18
	卫生、体育和社会福利事业人员比例（%）	0.04	**0.58**	0.50
	教育文化艺术事业人员比例（%）	0.38	0.42	**0.65**
	科学研究和综合技术服务事业人员比例（%）	0.40	**0.43**	0.06
	金融、保险业人员比例（%）	−0.01	**0.77**	−0.02
	国家机关、政党和群众团体人员比例（%）	0.25	**0.83**	−0.03
人口职业构成	各类专业技术人员比例（%）	**0.60**	0.59	0.42
	国家机关、党群组织、企事业单位负责人比例（%）	0.63	**0.70**	0.16
	办事人员和有关人员比例（%）	0.44	**0.81**	0.05
	商业工作人员比例（%）	0.09	**0.88**	0.11
	服务性工作人员比例（%）	**0.76**	0.43	0.22
	农林牧渔劳动者比例（%）	0.51	−0.24	**0.65**
	生产工人、运输工人和有关人员比例（%）	**0.96**	−0.06	0.18

二、1982 年主因子及其空间特征

1. 普通工人

第 1 主因子普通工人，特征值为 11.626，方差贡献率为 31.423%，主要反映 13 个变量的信息。在人口职业构成上与生产工人、运输工人和有关人员高度相关，与服务性工作人员、各类专业技术人员相关性较强；在人口行业构成上与从事制造业和建筑业人员相关性较强；同时还与汉族人口、0～14 岁人口、15～64 岁人口、6 岁以上初中学历人口、6 岁以上小学学历人口高度相关，与 65 岁以上人口、15 岁以上文盲人口、6 岁以上高中学历人口相关性较强。主要体现的是学历为中学和小学的普通工人方面的信息。

该主因子得分较高的街区主要分布于城市的西北扇面和东北扇面，其中，头屯河街道、大地窝铺、三工街道、八一街道得分最突出，其从事生产、运输相关工作的人员占在业总人口的比重均在 55% 以上，头屯河街道更是达到

了 71.02%。

2. 机关、事业单位及商业工作人员

第 2 主因子机关、事业单位及商业工作人员，特征值为 8.826，方差贡献率为 23.855%，主要反映 14 个变量的信息。在人口职业构成上与商业工作人员，办事人员和有关人员，国家机关、党群组织、企事业单位负责人相关性较强；在人口行业构成上与从事商业、饮食业、物质供销及仓储业，国家机关、政党和群众团体，住宿管理、公用事业管理和居民服务业，卫生、体育和社会福利事业人员相关性较强；在人口学历构成上与 6 岁以上大学毕业人口相关性较强；同时还与人口密度、在业人口占总人口比例相关性较强。主要体现的是高学历的机关干部、事业单位和商业人员方面的信息。

该因子得分较高的街道包括解放北路街道、新华北路街道、黄河路街道、友好路街道和二工街道，为主要政府机关所在地。解放北路街道和新华北路街道还是乌鲁木齐市商业最繁华的区域，历史上就已经是乌鲁木齐市的商业中心，解放北路街道的大十字一带是清代迪化城的中心，早在 1773 年（清乾隆三十八年）沿街商号云集，市井繁华，且当时从商者以津商和晋商为主；新华北路一带则是迪化西城门外的关厢，俗称"西关"，是北疆各地农民进行粮食和各种土特产品交易的市场。新中国成立后，该区由原来的旧市场演变为繁华的商业区，沿中山路两侧，红旗路百货商店和各国有、集体、个体户商业网点连成一片，尤其是当时乌鲁木齐市贸易中心、新疆轻工产品销售服务中心、新疆工艺美术有限公司和乌鲁木齐中山路贸易大厦等的落成，使这里成为乌鲁木齐市商业最繁华的区域之一。

3. 少数民族及农业人口

第 3 主因子少数民族及农业人口，特征值为 5.040，方差贡献率为 13.622%，主要反映 7 个变量的信息。在人口职业构成上与农林牧渔劳动者相关性较强；在人口行业构成上与农牧林渔业，电力煤气、自来水的生产和供应，教育文化艺术事业人员相关性较强；在人口民族构成上与哈萨克族人口、维吾尔族人口相关性较强；同时还与 6 岁以上大学肄业人口相关性较强。主要体现民族人口和农业人口方面的信息。该因子得分较高的街道主要分布于天山区内，包括团结路街道、胜利路街道、解放南路街道、和平路街道。

三、1982 年社会区类型及空间结构模式

通过主因子分析，可将 1982 年乌鲁木齐城市社会区类型命名为民族混居区，人口密集的机关、事业与商业工作人员居住区，一般工薪阶层居住区三个类型（表 3-3）。

表3-3　社会区类型特征判别表（1982年）

类别	包含的街道数	计量项目	第1主因子	第2主因子	第3主因子
1	4	平均值	−0.25	0.66	**1.35**
		平方和均值	1.43	0.98	**4.09**
2	7	平均值	0.03	**1.03**	−0.30
		平方和均值	0.56	**1.59**	0.26
3	16	平均值	**0.49**	−0.62	−0.21
		平方和均值	**1.02**	0.69	0.49

1. 民族混居区

在第3主因子上得分的平方和均值及平均值的绝对值最大，由于所研究的27个街道农业人口数量很少，占各街道总人口比重均未超过2%，故该区命名时未体现出农业人口信息。该类型区包括团结路街道、胜利路街道、和平路街道、解放南路街道4个街道，主要分布于城市南部的天山区。

2. 人口密集的机关、事业与商业工作人员居住区

在第2主因子上得分的平方和均值及平均值的绝对值最大，该类型区人口密集（14 511.72人/千米²），也是机关工作、事业与商业工作人员最集中的街道。该类型区包括解放北路街道、新华北路街道、黄河路街道、友好路街道、二工街道、长江路街道、红十月街道7个街道，主要分布于乌鲁木齐市老城核心区，也是历史上商业最繁华的地段。

3. 一般工薪阶层居住区

在第1主因子上得分的平方和均值及平均值的绝对值最大，包括16个街道。该类型区以从事制造业、运输业及相关行业人员为主，主要分布于城市的东北扇面和西北扇面。

根据上述3种社会空间类型的分布与组合特征，总结概括出1982年乌鲁木齐市社会空间结构模式（图3-2）。可以看出，20世纪80年代乌鲁木齐城市社会空间结构以扇形结构为主。

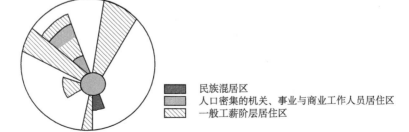

图3-2　1982年乌鲁木齐社会空间结构模式图

第二节 2011年城市社会区划分与社会空间结构模式

一、2011年城市社会区主因子提取

2011年的数据主要来源于乌鲁木齐市规划设计研究院2011年2月街道调查资料、2011年上半年公安人口统计年报和新疆人口与计划生育委员会相关统计资料。将收集到的数据根据人口学特征划分为一般统计指标、性别比、人口民族构成、人口流动性、人口学历构成、人口年龄构成和人口职业构成七大类指标。应用数理统计软件SPSS 16.0对原始数据矩阵进行因子分析，从而得到若干个社会区主因子。

首先对数据矩阵进行验证。初始变量的相关系数矩阵表明，多个变量之间的相关系数较大，且对应的差异性显著的检验值（Sig）较小，变量之间存在较为显著的相关性，KMO检验值为0.65，巴特利球形检验统计量的Sig值为0，由此否定相关矩阵为单位阵的零假设，即认为各变量之间存在显著的相关性，适宜做因子分析。进一步观察主因子碎石图（图3-3），发现主因子6以后的特征值变化很小，因此选取6个主因子比较合适，累计方差贡献率达到84.925%（表3-4）。由于因子含义不够清晰，变量过于集中在第1主因子上，故需对初始因子载荷矩阵进行方差最大化正交旋转，经过25次迭代完成收敛过程，得

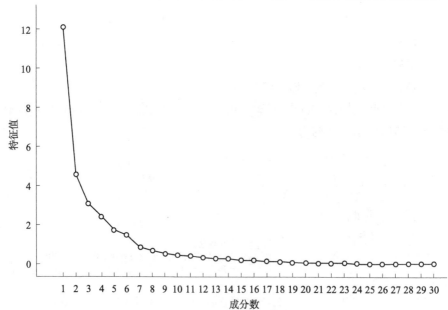

图3-3 2011年主因子碎石图

到旋转后的因子载荷矩阵（表3-5）。

表3-4 社会区主因子特征值及方差贡献率（2011年）

主因子	未旋转			正交旋转		
	特征值	方差贡献率（％）	累计方差贡献率（％）	特征值	方差贡献率（％）	累计方差贡献率（％）
1	12.938	43.126	43.126	5.991	19.970	19.970
2	4.293	14.309	57.435	5.866	19.553	39.523
3	2.943	9.811	67.246	4.138	13.793	53.316
4	2.307	7.690	74.936	3.984	13.279	66.595
5	1.721	5.737	80.673	3.759	12.531	79.126
6	1.276	4.252	84.925	1.739	5.798	84.924

表3-5 社会区主因子载荷矩阵（2011年）

变量类型	变量名称	各主因子载荷					
		1	2	3	4	5	6
一般统计指标	人口密度（人/千米²）	0.282	0.286	−0.098	**0.809**	−0.013	−0.055
	非农人口比率（％）	−0.024	0.275	0.523	0.342	−0.128	**−0.603**
性别比	性别比（女＝100）	−0.138	−0.092	−0.285	**−0.614**	0.182	−0.021
人口民族构成	汉族人口（人）	0.161	0.423	0.498	0.249	**0.667**	−0.082
	维吾尔族人口（人）	**0.807**	0.443	0.018	0.141	−0.198	−0.038
	哈萨克族人口（人）	0.477	**0.689**	−0.057	−0.061	−0.158	−0.098
	回族人口（人）	0.465	0.144	0.012	0.082	0.342	**0.586**
	其他少数民族人口（人）	0.284	**0.833**	0.186	0.338	0.067	−0.099
人口流动性	户籍人口（人）	0.334	**0.659**	0.538	0.277	0.257	0.031
	疆内流动人口（人）	**0.891**	0.145	−0.125	0.140	0.188	−0.085
	疆外流动人口（人）	0.224	−0.089	−0.140	−0.005	**0.889**	−0.035
人口学历构成	15岁以上文盲人口（人）	**0.694**	0.163	0.487	0.071	0.390	0.158
	6岁以上小学学历人口（人）	**0.802**	0.056	0.365	0.023	0.322	0.199
	6岁以上中学学历人口（人）	0.548	0.170	0.410	0.151	**0.662**	0.006
	6岁以上大学学历人口（人）	0.144	**0.882**	0.170	0.347	0.104	−0.101
	6岁以上研究生学历人口（人）	0.032	**0.881**	0.006	0.240	−0.046	0.006
人口年龄构成	0～14岁人口（人）	**0.741**	0.189	0.382	0.164	0.430	0.131
	15～64岁人口（人）	0.486	**0.606**	0.300	0.259	0.472	−0.019
	65岁以上人口（人）	0.190	0.219	**0.849**	0.203	0.109	−0.041
人口职业构成	农民（人）	−0.113	−0.136	−0.138	−0.169	−0.132	**0.881**
	普通工人（人）	0.043	−0.117	**0.738**	−0.203	0.129	−0.087
	机关工作人员（人）	0.075	0.205	0.112	**0.807**	0.248	−0.081
	企事业管理人员（人）	0.154	0.536	0.133	**0.684**	−0.013	−0.137
	专业技术人员（人）	−0.042	**0.498**	0.308	0.487	0.178	0.044
	从事个体经营人员（人）	0.151	0.021	0.198	0.123	**0.822**	0.074
	服务人员（人）	0.023	0.013	−0.096	**0.829**	0.296	−0.123
	无业人口（人）	**0.891**	0.114	−0.057	0.124	0.062	−0.158
	学生人口（人）	0.171	**0.941**	0.088	−0.023	0.099	−0.008
	学龄前儿童（人）	**0.756**	0.209	0.345	0.130	0.397	0.144
	退休人员（人）	0.059	0.238	**0.879**	0.176	0.028	−0.143

二、2011年主因子及其空间特征

1. 少数民族人口

第1主因子的特征值为5.991，方差贡献率为19.970%，主要反映7个变量的信息，均呈正相关。该主因子与维吾尔族人口、疆内流动人口、无业人口、6岁以上小学学历人口高度相关，与15岁以上文盲人口、0～14岁人口、学龄前儿童相关性较强。

第1主因子得分最高的街区分布在天山区的团结路街道、和平路街道、解放南路街道和延安路街道，其次则是天山区和沙依巴克区外围街道（图3-4）。总体来看，得分值较高的街道主要分布于城市南面，以天山区为主。

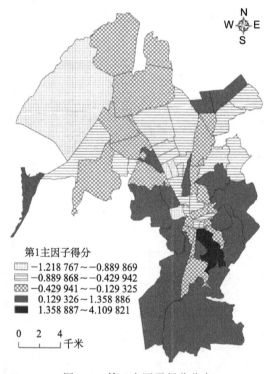

第1主因子得分
- -1.218 767～-0.889 869
- -0.889 868～-0.429 942
- -0.429 941～-0.129 325
- 0.129 326～1.358 886
- 1.358 887～4.109 821

0 2 4 千米

图3-4 第1主因子得分分布

2. 知识分子

第2主因子的特征值为5.866，方差贡献率为19.553%，主要反映8个变量的信息，也均呈正相关。该主因子和学生人口、6岁以上大学学历人口、6岁以上研究生学历人口、其他少数民族人口相关性最强，和哈萨克族人口、户籍人口、15～64岁人口相关性较强，和专业技术人员有一定的相关性。哈萨克族人口、其他少数民族人口与学生人口、6 岁以上大学学历人口、6 岁以上研究生学历人口的相关系数比较高。

第 2 主因子得分最高的街区为天山区的胜利路街道和沙依巴克区的八一街街道，其次是幸福路街道、友好北路街道、北京路街道和杭州路街道（图 3-5）。这些街道为乌鲁木齐市主要高校和科研院所所在地，如胜利路街道的新疆大学，八一街街道的新疆农业大学，幸福路街道的乌鲁木齐职业大学、广播电视大学，友好北路街道的新疆师范大学和新疆畜牧科学院，北京路街道的中国科学院新疆分院、新疆环境保护科学研究院，杭州路街道的新疆财经大学等。得分较高的街区呈多核心分布格局。

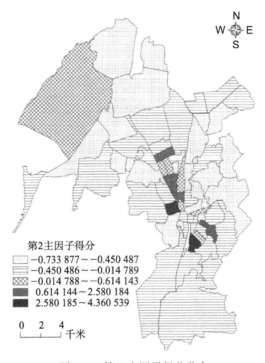

图 3-5　第 2 主因子得分分布

3. 普通工人及退休人员

第 3 主因子的特征值为 4.138，方差贡献率为 13.793%，主要反映了 65 岁以上人口、退休人员、普通工人 3 个变量的信息。

第 3 主因子得分高的街道主要分布于城市周边的头屯河区、米东区和水磨沟区，这些区为乌鲁木齐市的主要工业基地。其中，头屯河街道和火车西站街道的得分值最高（图 3-6）。头屯河街道是新疆重要的钢铁工业基地，宝山钢铁集团新疆八一钢铁有限公司位于此地。火车西站街道是乌鲁木齐市客货流的重要集散地,这两个街道及其周围区域还分布有石油器材库等大中型企业,形成了以储运、建材、冶金、机械等行业为主体的工业体系,因而成为乌鲁木齐市普通工人最集中的街道。由于宝山钢铁集团新疆八一钢铁有限公司和火车西站均始建于 20 世纪 50 年代,当时的大批工人现今已是退休年龄,因此这两个街道也成为乌鲁木齐市退休人员的集中区。

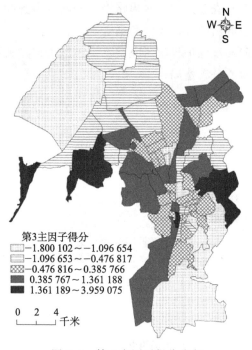

图 3-6　第 3 主因子得分分布

4. 机关干部、高级管理与服务人员

第 4 主因子的特征值为 3.984,方差贡献率为 13.279%,主要反映了 5 个变量的信息。该变量与人口密度、机关工作人员、服务人员呈高度相关,同企事业管理人员相关性也较强,同性别比呈负相关。

从因子载荷上看,第 4 主因子得分高的街区人口密度大,机关干部、高级管理人员和相关服务人员密集,主要为城市商业中心区。

该因子得分大致呈现同心圆状分布,得分最高的为天山区的解放北路街道、解放南路街道、新华北路街道,并以此为中心,得分值向外围逐渐降低(图 3-7)。中央、自治区、市区主要政府部门和事业单位均分布于这几个街区。例如,分布于解放北路街道的中共新疆维吾尔自治区委员会、人民政府、人大常委会、发展和改革委员会、财政厅、建设厅等;分布于解放南路街道的自治区民政厅、卫生厅、畜牧厅、商务厅、自治区人民医院、图书馆等；分布于新华北路街道的乌鲁木齐市委、市政府、新疆生产建设兵团司令部、自治区政协等。

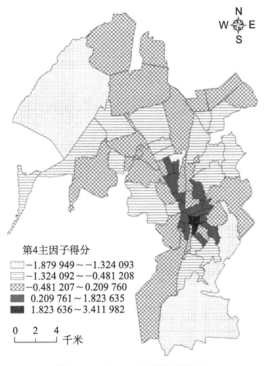

图 3-7　第 4 主因子得分分布

5. 疆外流动人口

第 5 主因子的特征值为 3.759，方差贡献率为 12.531%，主要反映了 4 个变量的信息。该因子与疆外流动人口、从事个体经营人员呈高度相关，与汉族人口、6 岁以上中学学历人口相关性较强。从变量自相关矩阵上可以看出，变量疆外流动人口同个体经营人员、汉族人口、6 岁以上中学学历人口相关性均在 0.6 以上，说明疆外来乌鲁木齐市的流动人口以从事个体经营的汉族人为主，文化程度大部分在初中水平。

该因子得分较高的街道主要分布于城市核心区外围，得分值比较突出的有和平路街道、炉院街街道、南湖南路街道、中亚北路街道、中亚南路街道、友谊路街道、红庙子街道和古牧地东街道（图 3-8）。其中，炉院街街道为火车站所在地，作为乌鲁木齐市主要的客货流集散地，吸引了大量的外来人口。经济技术开发区作为全国主要风能装备制造基地、西北最大的出口加工基地、全疆最大的食品饮料生产基地和机械设备制造基地，吸引了大量外来务工人员（外来人口占总人口的比重为 37.1%），而在此工作的绝大多数流动人口来自疆外（2011 年疆外流动人口占流动人口总量的 70.6%）。

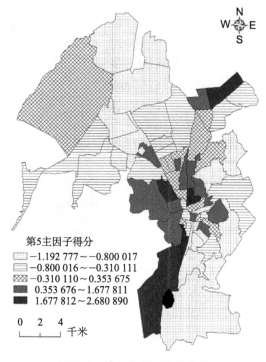

图 3-8　第 5 主因子得分分布

6. 农业人口

第 6 主因子的特征值为 1.739，方差贡献率为 5.798%，主要反映了 3 个变量的信息。与农民呈高度相关，与回族人口有一定的相关性，与非农人口比率呈较强的负相关性。第 6 主因子得分较高的街区主要分布于城市远郊区，城市北部的安宁渠镇、青格达湖乡、六十户乡和二工乡尤为突出（图 3-9）。

三、2011 年社会区类型及空间结构模式

以各个街道 6 个因子得分为数据矩阵，运用聚类分析方法对乌鲁木齐城市社会区类型进行划分。采用分层聚类法，距离测度应用平方欧式距离，并选取Ward 法计算类间距离，最终将乌鲁木齐市的 61 个研究单元划分为 6 类（图 3-10）。计算各类社会空间每个主因子得分的平均值及平方和均值，判断各类社会空间的特征并据此命名（表 3-6）。

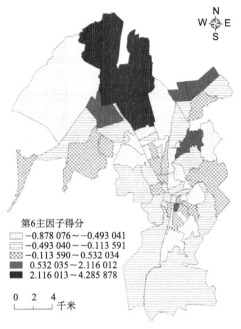

第6主因子得分
- −0.878 076 ~ −0.493 041
- −0.493 040 ~ −0.113 591
- −0.113 590 ~ 0.532 034
- 0.532 035 ~ 2.116 012
- 2.116 013 ~ 4.285 878

0 2 4 千米

图 3-9 第 6 主因子得分分布

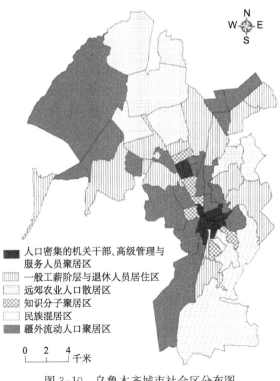

- 人口密集的机关干部、高级管理与服务人员聚居区
- 一般工薪阶层与退休人员居住区
- 远郊农业人口散居区
- 知识分子聚居区
- 民族混居区
- 疆外流动人口聚居区

0 2 4 千米

图 3-10 乌鲁木齐城市社会区分布图

表3-6 社会区类型特征判别表（2011年）

类别	街道（乡）个数	计量项目	第1主因子	第2主因子	第3主因子	第4主因子	第5主因子	第6主因子
1	5	平均值	1.896	−0.175	**−1.067**	−0.485	−0.649	−0.419
		平方和均值	7.042	0.231	**1.183**	0.565	0.892	0.257
2	6	平均值	−0.296	**2.591**	0.021	0.010	−0.092	0.031
		平方和均值	0.741	**7.997**	0.117	0.502	0.293	0.057
3	14	平均值	−0.148	−0.445	**0.812**	−0.407	−0.723	−0.371
		平方和均值	0.184	0.237	**1.973**	0.241	0.582	0.239
4	12	平均值	−0.272	−0.118	0.041	**1.438**	−0.295	−0.126
		平方和均值	0.760	0.144	0.608	**3.182**	0.280	0.155
5	18	平均值	−0.029	−0.296	−0.209	−0.385	**1.090**	−0.139
		平方和均值	0.316	0.168	0.789	0.512	**2.120**	0.655
6	6	平均值	−0.458	−0.426	−0.725	−0.566	−0.539	**2.781**
		平方和均值	0.240	0.198	0.565	0.346	0.526	**9.845**

1. 民族混居区

在第3主因子上的平均值及平方和均值最为突出。该类型区包括团结路街道、延安路街道、八道湾街道、红雁街道、和平路街道5个街道。其中，团结路街道、延安路街道和八道湾街道为汉-维吾尔混居区，维吾尔族人口比例较高，分别达到52.31%、42.64%、44.29%；红雁街道为汉-哈萨克-维吾尔-回混居区，4个民族的人口比例分别为36.92%、27.74%、18.32%、16.59%；和平路街道则是汉-维吾尔-回混居区，3个民族的人口比例分别为55.19%、23.37%、17.98%。民族混居区主要分布于城市南面的天山区。乌鲁木齐市少数民族居住呈现"大混居，小聚居"的分布特征，从街道一级尺度看，基本上以民汉混居为主，而在社区层面存在不少的少数民族聚居现象。

民族混居区还是疆内流动人口比较集中的区域，且以维吾尔族为主。位于天山区的赛马场社区和黑甲山社区共有3599人，其中常住人口仅有813人，占总人口的22.59%。流动人口规模较大，流动人口中70%是维吾尔族，流出地主要是南疆的和田、喀什、阿克苏等地区，少部分来自吐鲁番、伊犁、克拉玛依、塔城、阿图什等地区，其中流出人口最多的是和田，其次是喀什。

2. 知识分子聚居区

在第2主因子上的平均值及平方和均值最为突出。该类型区包括八一街街道、友好北路街道、胜利路街道、幸福路街道、北京路街道、杭州路街道6个街道，呈多核心分布，是乌鲁木齐市主要高校和科研院所所在地，大学或以上学历人口占6岁以上总人口比例均超过45%，是典型的知识分子聚居区。

3. 一般工薪阶层与退休人员居住区

在第3主因子上的平均值及平方和均值最为突出，空间分布大致呈扇形结构，主要分布于城市东北、西北、正东三个扇面，西北面和东北两个扇面所占街道数最多，大部分为头屯河区和米东区的街道。这两个区是乌鲁木齐市的两个"副中心"和重要的工业城区。

4. 人口密集的机关干部、高级管理与服务人员聚居区

在第 4 主因子上的平均值、平方和均值最为突出，在第 4 主因子上的平均值为正值。该类型区社会空间人口密度大（21327.58 人/千米²），也是机关工作人员、企事业管理人员和服务人员的最集中的区域。包括 12 个街道，主要分布于乌鲁木齐老城区，北面的新市区也有两个街道（铁路局一带）。该类型区所在区域是乌鲁木齐城市商业核心区。

5. 疆外流动人口聚居区

在第 5 主因子上的平均值、平方和均值最为突出。该类型区包括乌昌路街道、南湖南路街道等 18 个街道，这些街道疆外流动人口所占比例大，从所从事的职业上看，以个体经营为主，文化程度大部分为初中水平。该类型区主要位于城市核心区的外围。

6. 远郊农业人口散居区

在第 6 主因子上的平均值、平方和均值最为突出，该类型区人口平均密度小，仅为 724.93 人/千米²，超过 50％的人口从事农业活动，主要分布于城市正北扇面的远郊区，包括安宁渠镇、青格达湖乡、六十户乡、七道湾街道、二工乡、地窝堡乡 6 个街道（镇、乡）。

根据上述 6 种社会空间类型的分布与组合特征，总结概括出乌鲁木齐市 2011 年社会空间结构模式（图 3-11）。民族混居区呈扇形结构，主要分布于城市的正南扇面；知识分子聚居区呈现较为明显的多核心结构，散布于天山区、沙依巴克区和新市区；一般工薪阶层与退休人员居住区呈扇形结构，主要分布于城市西北、东北和正东扇面；人口密集的机关干部、高级管理与服务人员聚

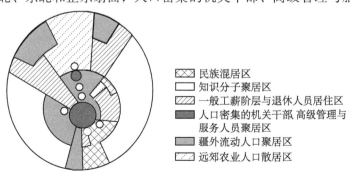

图 3-11　2011 年乌鲁木齐社会空间结构模式图

居区主要位于乌鲁木齐市商业最发达的城市核心区；疆外流动人口聚居区则位于城市核心区外缘，大致呈环状分布，其东南扇面则被民族混居区占领，东面部分扇面被一般工薪阶层与退休人员居住区占领；远郊农业人口散居区主要分布于城市正北扇面的远郊区。总体来看，2011 年乌鲁木齐城市社会空间以扇形和多核心结构为主，同心圆结构不明显。

第三节　城市社会空间演变特征

一、社会区主因子变化

两次研究所采取的变量类别基本相同，但是 1982 年与 2011 年相比，变量数目、主因子个数以及各主因子对社会区的贡献程度均发生了变化。

1982 年，第 1 主因子为普通工人，表明 20 世纪 80 年代初一般工薪阶层对城市社会区的贡献率最大，工人阶级是当时乌鲁木齐城区的主导人群，且一般工薪阶层居住区主要分布于城市东北、西北、西南扇面，经过 30 年的发展，西南扇面和东北扇面的核心区外围区域已经被疆外流动人口聚居区占据，80 年代的工薪阶层现已是退休年龄，原来的一般工薪阶层居住区也演变为一般工薪阶层与退休人员居住区。

随着城市的扩张和人口的集聚，市区少数民族人口规模不断增加，在总人口中的比重也由 1982 年的 10.08％增加至 2011 年的 13.87％，少数民族人口已经成为乌鲁木齐城市社会区形成的最主要因子。2011 年，少数民族人口成为对社会区贡献率最大的第 1 主因子。老城区南门以南区域始终是维吾尔族、哈萨克族等少数民族比重较高的民族混居区。

1982 年，农业人口对城市社会区的贡献并不显著，表明当时农业人口同其他类型人口在空间分布上没有太大差异，同其他类型人口混居程度较高，还未能成为一个独立的影响因子，而到了 2011 年，农业人口已经成为独立的影响因子，究其原因，乌鲁木齐市农业整体呈萎缩趋势，且逐步向北部远郊区集中，农业人口也主要分布于城市北面远郊区，从而形成单一的城市社会区。

1982 年主要分布于城市核心区的机关、事业单位与商业工作人员居住区，2011 年仍然是典型的人口密集的机关干部、高级管理与服务人员集中区。

1982 年，知识分子人群由于规模较小，还不足以构成单独的社会区，30 年来，高学历人口规模不断扩大，且在空间上存在一定的聚集特征，2011 年，知识分子已经作为一个典型的社会区类型而存在。

1982 年，乌鲁木齐市外来人口数量少，聚居现象并不突出。但是，随着乌鲁木齐城市社会经济的不断发展，吸引了大量以经商和务工为主要目的的流动人口，特别是来自疆外的流动人口规模不断扩大，到 2011 年，疆外流动人口已经作为一个典型的社会区类型而存在。

二、城市社会区变化特征

乌鲁木齐市社会空间结构日趋复杂。从社会区划分看，1982 年乌鲁木齐市社会区结构模式以扇形结构为主，城市社会空间结构模式相对简单（表 3-7）。2011 年乌鲁木齐市在城市空间不断扩展的同时，城市内部空间结构亦趋于复杂，城市社会空间整体呈现以扇形和多核心结构为主的分布格局。

表 3-7　1982 年和 2011 年乌鲁木齐城市社会区类型比较

1982 年	2011 年
民族混居区	民族混居区
人口密集的机关、事业单位与商业工作人员居住区	人口密集的机关干部、高级管理与服务人员聚居区
一般工薪阶层居住区	一般工薪阶层与退休人员居住区
—	知识分子聚居区
—	疆外流动人口聚居区
—	远郊农业人口散居区

乌鲁木齐市的社会区之间的分异逐渐从收入差别转为职业差别。社会区由 1982 年的一般工薪阶层居住区分化成一般工薪阶层与退休人员居住区、知识分子聚居区、疆外流动人口聚居区和远郊农业人口散居区。这种变化的根本原因是随着城市社会经济发展城市产业结构调整和优化，城市功能不断完善。

乌鲁木齐市的疆外流动人口和知识分子聚居区的出现影响了社会分区的进一步分异。2011 年的乌鲁木齐市社会区出现了 1982 年没有的疆外流动人口和知识分子聚居区，说明疆外流动人口和知识分子正参与社会区的分异进程。

三、社会区影响因素变化

根据西方国家城市社会空间研究观点，社会经济、家庭、种族和城市化对社会区影响较大，按照 Shevky 的研究和我国城市地理学家周春山的观点，可以从社会地位、城市化和隔离计算出城市社会区形成影响因素的变化（Shevky and Williams，1949；周春山等，2006）（表 3-8）。

表3-8　西方国家社会区主要因子演绎

主要因素	与概念有关的变量
社会地位（经济地位）	教育程度、职业、行业、房屋价值、租金、居住面积、住房设备
城市化（家庭状况）	家庭规模、家庭结构、就业率/就业水平、生育率
隔离（种族、籍贯地）	族裔（民族）、籍贯地、国籍

资料来源：周春山等，2006

　　影响乌鲁木齐城市社会区的主要因素"社会地位"的重要性在下降，由1982年的48.50%下降到2011年的37.20%，下降了11.3个百分点；而"城市化"和"隔离"明显上升，其中"城市化"由1982年的9.70%上升到2011年的12.63%，上升了3.93个百分点；"隔离"由1982年的41.80%上升到2011年的50.17%，上升了8.37个百分点。表明乌鲁木齐城市社会分异中"城市化"的重要性在上升（表3-9）。

表3-9　乌鲁木齐城市社会区主因子影响因素系数表　　　　　　单位：%

年度	社会地位		城市化		隔离		系数合计
	系数	百分比	系数	百分比	系数	百分比	
1982年社会区	10.00	48.50	2.00	9.70	8.62	41.80	20.62
2011年社会区	6.51	37.20	2.21	12.63	8.78	50.17	17.50

　　从我国已有城市（广州、北京、上海、南京、天津、沈阳、长春、南昌和兰州等）的社会区研究看，中国的城市也存在社会区，但其影响因素既不是种族隔离，也不是经济收入的高低，而主要是城市历史、土地功能及住房分配制度，而且这种社会区不是自发形成的，规划决策往往起决定性作用（顾朝林等，2003；许学强等，1989）。

　　一般而言，平原区的城市土地利用强度分布形式非常适合同心圆模型。乌鲁木齐市受地形和自然本底的影响，土地利用呈现同心圆状扇形扩展，从乌鲁木齐市的基准地价分布看，首先，1级地分布在市中心区，其北界为光明路-青年路-建国路口；东界为建国路-东环路-金银大道-和平南路向南-至团结路口；南界为团结路；西界为新华北路-团结路口。其次，2级地呈环状包围着1级地，3级地呈环状分布在2级地外围，4级地分布在3级地的外围，5级地呈不连续块状分布在4级地外围。5级地属工业区向外围的扩散地带，其中包含宝钢集团新疆八一钢铁有限公司、石化总厂及火车西站、北站等大型工业、交通企业的家属区在内。6级地呈断块状散布在各5级地外围，在除1～5级地外的城乡过渡带地区。7级地呈斑块状散布在6级地外围，在除1～6级地外的农牧用地区。

　　在西方城市，城市化（家庭状况）对形成同心圆结构，种族状况形成多核心结构，社会经济状况在形成扇形结构过程中分别起主导作用。从乌鲁木齐城市社会区模式看，城市土地利用强度呈现同心圆状扇形模式，1982 年的城市社会经济状态因子分布形态既表现了扇形结构的特征又具有同心圆的特征；种族状况形成扇形结构特征；与城市化（家庭状况）有关的流动人口没有显示。2011 年的城市社会经济状态因子分布形态既表现了多核心的特征，也具有扇形结构和同心圆的特征；种族状况因子表现出扇形和多核心结构特征；城市化（家庭状况）表现出扇形和多核心结构特征。

　　显然，乌鲁木齐的城市社会区表明，基于城市发展的历史和自然本底条件，社会经济、宏观政策和城市规划等因素共同作用，使乌鲁木齐城市社会空间结构发生了巨大的变化，城市空间结构整体向着更加有序的方向演变（张利等，2012；雷军等，2014a）。

第四章　乌鲁木齐社区居民满意度

在中国城市转型的过程中，社区成为城市空间重要构件和城市运转体系的重要环节（胡忆东等，2009）。社区是社会的基本单元，是城市的细胞，是人们社会生活的共同体和人居的基本平台，是社会管理的重心，改善民生的依托，维护稳定的根基，总而言之，社区和谐是社会和谐的基础（李薇，2010）。居民是城市建设和发展的最关键群体，是社区健康发展的决定因素，城市社区居民满意度是评价社区建设与管理的重要标准之一（赵东霞和卢小君，2012）。通过分析不同类型社区居民满意度的差异及其内在影响因素，有利于更有针对性地促进社区的发展，改善居民生活质量，提高居民对社区建设的支持度，从而对城市的建设、管理和可持续发展发挥重要作用（王兴中，2000，2004）。本章从微观社区层面入手，基于城市地理学视角，采用层次分析法和因子分析法建立满意度评价模型，以乌鲁木齐市 7 个案例社区中的 743 户居民为调查对象，对城市社区居民满意度进行实证研究，深入探讨了社区居民满意度的影响因素和作用机理。

第一节　城市社区概况及调查社区选择

一、乌鲁木齐市社区概况

乌鲁木齐市是全国典型的多民族聚居的大城市，居住着维吾尔族、汉族、哈萨克族、回族等 49 个民族，各少数民族与汉族杂居，少数民族居住分布呈明显的"大混居，小聚居"特征。由于受社会、经济收入、历史及风俗文化等因素的影响，维吾尔族、哈萨克族和回族又分别形成了各自的聚居区，在聚居区内本民族人口分布相对集中。2011 年，全市户籍人口 249.35 万人，其中少数民族人口数在 6 万人以上的主要有维吾尔族（31.49 万人）、回族（25.33 万人）和哈萨克族（6.96 万人）。乌鲁木齐天山区、沙依巴克区、高新区（新市区）、水磨沟区、经开区（头屯河区）、达坂城区和米东区 7 个市辖区总面积为 13 757.35 平方千米，辖 7 镇 9 乡、65 个街道办事处、570 个居民委员会和 115 个村民委员会。从居民委员会的分布看（图 4-1），天山区、沙依巴克区和高新区（新市区）社区数较多，3 个区的社区数占市辖区的 65％以上。

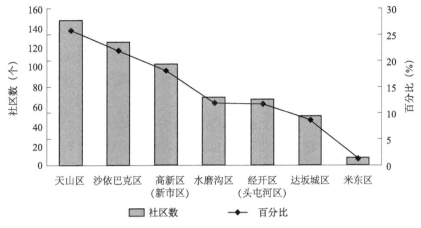

图 4-1　乌鲁木齐各市辖区社区数量

资料来源：乌鲁木齐市统计局，2012

1. 天山区

天山区是乌鲁木齐市的发源地，旧称"迪化"，曾被誉为"耕凿弦涌之乡，歌舞游冶之地"（赵红，2012），位于乌鲁木齐市东南部，东起东山公墓山脊向东南沿大车路折向甘沟，绕新疆煤炭化工厂炸药库东侧围墙折经甘沟，向南沿山腰折穿过312国道。南至乌拉泊村南界，西起市三建沙石场简易公路，东折和平渠，沿和平渠向北折至河滩北路与红山路中心线交接点止。北至西起红山路中心线与河滩北路交汇处，向东经红山路接青年路，经高尔夫路，东折东山公墓路经山脊。辖区面积为171平方千米，下辖14个街道办事处、147个社区居委会、1个村民委员会。区内居住有汉族、维吾尔族、回族、蒙古族、哈萨克族、柯尔克孜族等34个民族，户籍总人口为55.79万人，其中少数民族人口为20.56万人，占全市少数民族人口的30.15%。天山区设立于1957年，辖区驻有自治区、乌鲁木齐市党、政、军和新疆生产建设兵团的主要机关，是乌鲁木齐市的政治、经济、文化、金融中心。

2. 沙依巴克区

沙依巴克区是乌鲁木齐市的中心城区之一，西傍雅玛里克山，东隔河滩公路与天山区为邻，南起乌拉泊与乌鲁木齐县相接，北到新医路与新市区相连。辖区面积为422.47平方千米，下辖12个街道办事处、125个社区居委会、1个村民委员会。居住有汉族、维吾尔族、回族、哈萨克族、满族、蒙古族、锡伯族、俄罗斯族等38个民族，户籍总人口为52.74万人，其中少数民族人口为12.14万人，占全市少数民族人口的17.80%。沙依巴克区维吾尔语意为"戈壁滩上的花园"，交通网络发达，商贸经济繁荣活跃，2011年完成社会消费品零售总额191.98亿元，其中批发、零售贸易业171.82亿元，占全市批发、零售贸易业总额 30.62%。

3. 高新区（新市区）

高新区（新市区）是自治区首府中心城区之一，位于乌鲁木齐市西北部，东临城市快速路——河滩路，南起新医路，西临太原路和乌昌快速路，北至乌鲁木齐中心城北边界。辖区面积为 262.52 平方千米，下辖 13 个街道办事处、103 个社区居民委员会、5 个村民委员会。居住有汉族、维吾尔族、哈萨克族、回族等 38 个民族，户籍总人口为 52.88 万人，其中少数民族人口为 10.87 万人，占全市少数民族人口的 15.94%。环境优美，基础设施配套完善，科研院所云集，大中专院校较多，2011 年完成地区生产总值 563.62 亿元，占全市地区工业产值的 34.79%，完成工业产值 295 亿元，占全市工业产值的 46.18%，是乌鲁木齐市重要的产业发展区之一。

4. 水磨沟区

水磨沟区是乌鲁木齐市中心城区之一，位于乌鲁木齐市东北部，南以红山路为界与天山区为邻，西以河滩快速路为界紧接沙依巴克区、新市区，东面和北面与米东区相连。辖区面积为 277.56 平方千米，下辖 8 个街道办事处、69 个社区居民委员会、6 个村民委员会，户籍总人口为 28.20 万人，其中少数民族人口 4.42 万人，占全市少数民族人口的 6.48%。新疆国际会展中心、乌鲁木齐市委市政府、体育馆、图书馆、博物馆、南湖市民广场及乌鲁木齐的象征——红山均坐落在水磨沟区，是一座自然风光与人文景观有机结合，传统文化与现代文明相映成辉的新兴城区。

5. 经开区（头屯河区）

经开区（头屯河区）位于乌鲁木齐市西北部，为 312 国道和乌鲁木齐外环路交汇处的东侧南缘。东起太原路，西至乌昌一级公路，南北分别经河南西路和迎宾路为界。辖区面积为 275.59 平方千米，下辖 9 个街道办事处、68 个社区居民委员会、1 个村民委员会，户籍总人口为 21.85 万人，其中少数民族人口为 4.85 万人，占全市少数民族人口的 7.11%。经开区（头屯河区）集国家级经济技术开发区、国家级出口加工区、行政区、兵地合作区于一体，叠加高铁枢纽、白鸟湖高端商务区、新疆软件园、天山云计算产业园、服务外包基地、大学科技园、留学人员创业园、科技企业孵化器、高教园、哈萨克斯坦境外园、国际旅游集散中心、国际纺织品服装商贸中心、铁路国际物流园等多种功能载体，成为新疆产业集聚效应最明显的园区之一。

6. 米东区

米东区由昌吉回族自治州原米泉市和乌鲁木齐市原东山区合并组建的城市

新区，成立于2007年8月1日，位于乌鲁木齐东北郊，东与阜康市相邻，西与昌吉市、五家渠市、乌鲁木齐县相依，南连乌鲁木齐市达坂城区、水磨沟区，北与阿勒泰地区福海县相接。辖区面积为3407.42平方千米，下辖6个街道办事处、8个社区居民委员会、81个村民委员会。全区有汉族、回族、哈萨克族等32个民族，户籍总人口为27.57万人，其中少数民族人口为9.17万人，占全市少数民族人口的13.44%。米东区是新疆最大的食用菌生产基地，是乌鲁木齐市重要的"菜篮子"基地和肉食品基地。米东区化工工业园、高新技术产业园先后被批准为自治区级工业园，形成了以中石油乌鲁木齐石化公司、中泰化学为代表的石油化工、氯碱化工，以神华煤制油公司、新疆能源公司为代表的煤电煤化工产业，以广汇工业园、中国二十二冶装备制造为代表的机械制造业等优势产业集群。第三产业形成以华凌综合市场、广汇汽车城、通汇二手车及活畜交易等为龙头的市场网络。

7. 达坂城区

达坂城区设立于2002年3月，由原乌鲁木齐市南山矿区更名而来，位于天山北麓，准噶尔盆地南段，乌鲁木齐的南郊，西临大湾乡和托里乡，东南与吐鲁番市、托克逊县交界，北接芦草沟乡和阜康市、吉木萨尔县，南面为天山山脉中段天格尔山。辖区面积为4759.18平方千米，下辖3个街道办事处、50个社区居民委员会、20个村民委员会。全区现有汉族、回族、哈萨克族、维吾尔族等15个民族，户籍总人口为4.44万人，其中少数民族人口为2.34万人，占全市少数民族人口的3.43%。交通条件便利，兰新铁路、312国道和吐-乌-大高等级公路穿越区境，自古是联系南北疆的咽喉之地。达坂城区水、土、光热、风资源较为丰富，有乌鲁木齐市最大的自然湖泊——柴窝堡湖和享有"中国死海"美誉的新疆盐湖，有全国最优的风力资源等。

二、选择调查社区

1. 筛选街道

研究范围内包含天山区、经济区（头屯河区）、高新区（新市区）、水磨沟区的所有街道（镇、乡），沙依巴克区除水泥厂街街道、平顶山街道以外的10个街道，米东区除古牧地镇和长山子镇以外的6个街道，总共61个研究单元（表4-1，包括56个街道、1个镇和4个乡），应用SPSS软件中的Hierarchical Cluster进行街道的筛选。61个街道研究单元在乌鲁木齐市的空间区位如图4-2所示。街道按照单一民族聚居、多民族混居和流动人口聚居区的划分标准，结合Hierarchical Cluster聚类分析的结果，将基于街道层面的居住类型（五种居住类型）划分为Ⅰ、Ⅱ、Ⅲ、Ⅳ四个等级（表4-2）。

表4-1　研究区的街道名称（2011年）

乌鲁木齐行政区	街道（镇、乡）数	街道（镇、乡）名称
天山区	14	东门街道、和平路街道、红雁街道、碱泉街街道、解放北路街道、解放南路街道、青年路街道、胜利路街道、团结路街道、新华北路街道、新华南路街道、幸福路街道、延安路街道、燕尔窝街道
沙依巴克区	11	八一街街道、长江路街道、和田街道、红庙子街道、炉院街街道、西山街道、雅玛里克山街道、扬子江路街道、友好北路街道、友好南路街道、平顶山街道*
水磨沟区	8	八道湾街道、六道湾街道、南湖北路街道、南湖南路街道、七道湾街道、水磨沟街道、苇湖梁街道、新民路街道
经济区（头屯河区）	5	北站西路街道、火车西站街道、头屯河街道、王家沟街道、乌昌路街道
高新区（新市区）	18	安宁渠镇、高新技术开发区（高新街道）、北京路街道、北站东路街道、地窝堡乡、二工街道、二工乡、杭州路街道、喀什东路街道、南纬路街道、三工街道、石油新村街道、天津路街道、银川路街道、迎宾路街道、经济技术开发区（中亚北路街道、中亚南路街道、友谊路街道）、六十户乡、青格达湖乡
米东区	7	地磅街道、古牧地东路街道、古牧地西路街道、卡子湾街道、米东南路街道、石化街道、长山子镇*

* 为筛选的调查街道

表4-2　街道层面的居住类型分类表　　　　　　　　　　单位：%

居住类型	类型Ⅰ		类型Ⅱ		类型Ⅲ		类型Ⅳ	
	比例	街道（乡）名称	比例	街道（乡）名称	比例	街道（乡）名称	比例	街道（乡）名称
维吾尔族聚居区	≥50	地窝堡乡、团结路*	40～50	解放南路、八道湾、延安路	20～40	苇湖梁、胜利路、新华南路、玛雅里克山、和平路、头屯河	≤20	其余50个街道（乡）
回族聚居区	≥40	二工乡*	20～40	安宁渠镇、古牧地西	10～20	和平路、古牧地东、红雁、王家沟、天津路、解放南路	≤10	其余52个街道（乡）
哈萨克族聚居区	≥20	红雁*	10～20	—	2～10	燕儿窝、延安路、杭州路、胜利路、团结路、青年路、八一街、北京路	≤2	其余52个街道（乡）
维吾尔-哈萨克-回/汉混居区	≥60	红雁（18：28：17）**	50～60	延安路*（43：5：10）**、解放南路*（46：1：11）**		团结路、地窝堡乡		其余56个街道（乡）
流动人口聚居区	≥60	乌昌*	40～60	高新街*、雅玛里克山*、王家沟、北京西站	—	七道湾、延安路、南湖南路、南湖北路		其余52个街道（乡）

* 为筛选的调查街道

** 括号中的数字为维吾尔族、哈萨克族、回族/汉族人口比例

　　乌鲁木齐研究区域内，基于街道层面的单一民族聚居（包括维吾尔族、哈萨克族和回族等）、多民族混居和流动人口聚居区的空间分布特征（图4-2）。在考虑区域的典型性、空间的均衡性原则的基础上，最终将调查筛选的街道确定为：团结路街道（维吾尔族聚居区）、解放南路街道（维吾尔族聚居区及维吾尔-哈萨克-回族混居区）、二工乡（回族聚居区）、红雁街道（哈萨克族聚居区及维吾尔-哈萨克-回族混居区）、延安路街道（维吾尔-哈萨克-回族混居区）、乌昌街道（头屯河区流动人口聚居区）、高新街街道（新市区流动人口聚居区）、雅玛里克山街道（沙依巴克区流动人口聚居区）8个街道，筛选的街道空间分布情况如图4-3所示。

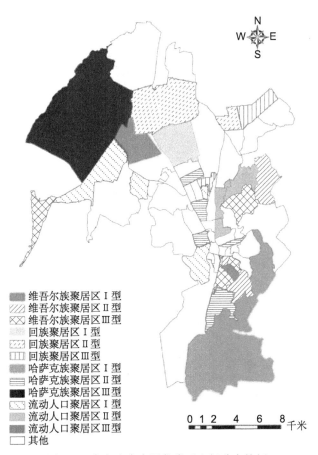

图4-2　乌鲁木齐市居住类型空间分布特征

2. 社区的选择

从街道中筛选出的团结路、红雁、延安路等8个街道中，根据前期实地调

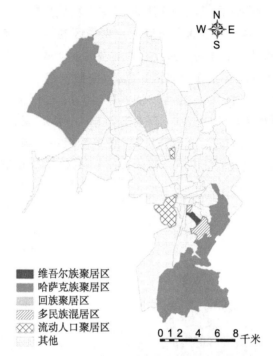

图 4-3　筛选调查社区的空间分布

查和获取的资料，从中选择除乌昌街道外其余 7 个街道为调查社区选择的基础。参照街道筛选的原则和处理方式，从这些街道所辖的 65 个社区（表 4-3，包括 62 个社区、3 个村）中，按照分层选择的原则，每个街道选择一个调查社区，共计选择 7 个单一民族（维吾尔族、哈萨克族、回族）聚居特色、多民族（维吾尔-哈萨克-回族）混居特色和流动人口（少数民族、汉族）居住特色鲜明的社区作为研究单元，进行实地调查。

表 4-3　筛选调查街道的行政区划（2012 年）

街道（乡）名称	辖社区（村）数	所辖社区（村）名称
团结路街道	13	领馆巷北社区、团结社区、八户梁社区、延安路社区、夏玛勒巴克巷社区、瓷厂社区、皇城社区＊、波斯坦巷社区、广电社区、昌乐园社区、中环路南社区、大湾北社区、后泉路社区
二工乡	4	长治路社区＊、苏州路北社区、百园路新村、三工村
红雁街道	4	东大梁社区、乌拉泊社区、红雁池东社区＊、乌拉泊村
延安路街道	11	西域轻工商业社区、富康街北社区、富泉街北社区、吉顺路东社区＊、中湾街南社区、晨光社区、团结东路社区、东湾社区、富泉街社区、中湾街北社区、吉顺路北社区
解放南路街道	8	建中路社区、马市小区社区、新市路社区、天池路社区、育才巷社区、龙泉社区＊、永和巷社区、山西巷社区

街道（乡）名称	辖社区（村）数	所辖社区（村）名称
高新街街道	8	昆明路社区、桂林路社区*、天津南路社区、新洲社区、新科社区、美林社区、长春南路社区、长沙路社区
雅玛里克山街道	17	大江社区*、青年社区、校园社区、铁东社区、南站社区、泰裕社区、青峰社区、惠民社区、铁西社区*、秀园社区、古丽斯坦社区、光明社区、冷库山社区、雪莲社区、宝山社区、西虹社区、南梁坡社区

注：乌昌街道经实地调查后不予考虑

＊为最终调查社区。

　　乌鲁木齐市在筛选出的街道（乌昌街道除外）研究区域内，基于社区层面的单一民族（维吾尔族、哈萨克族、回族）聚居、多民族（维吾尔-哈萨克-回族）混居和流动人口（少数民族、汉族）聚居区的空间分布特征。在考虑所调查社区应具备典型性原则的基础上，将最终调查区确定为：长治路社区（回族聚居区）、桂林路社区（汉族流动人口聚居区）、大江社区（少数民族流动人口聚居区）、龙泉社区（维吾尔-哈萨克-回族混居区，维吾尔-回族混居特色突显）、皇城社区（维吾尔族聚居区）、吉顺路东社区（维吾尔-哈萨克-回族少数民族混居区，维吾尔-回族混居特色突显）、红雁池东社区（哈萨克族聚居区）7 个社区，调查社区的空间分布及其特征如图 4-3 所示。

　　7 个典型案例社区，在调查社区选择时是以居住类型分类原则（即社区居民的民族构成），筛选确定得到。经实地调查后，发现在社区类型分类上：7 个社区分属于 6 种社区类型。即龙泉社区（C1）属单位大院型社区（典型居住类型为"汉-少"民族混居区）、皇城社区（C2）属传统街坊型社区（典型居住类型为维吾尔族聚居区）、吉顺路东社区（C3）属商品楼盘型社区（典型居住类型为少数民族混居区）、红雁池东社区（C4）属城郊边缘型社区（典型居住类型为哈萨克族聚居区）、长治路社区（C5）属民族聚居型社区（典型居住类型为回族聚居区）、桂林路社区（C6）属流动人口型社区（典型居住类型为疆外流动人口聚居区）、大江社区（C7）属流动人口型社区（典型居住类型为疆内流动人口聚居区）。在社区类型上，典型案例社区均以这 6 种社区类型为划分标准，C1～C7 社区代码分别指代"龙泉社区至大江社区"这 7 个社区。

三、调查社区的基本特征

1. 龙泉社区（C1）

属单位大院型社区，成立于 2001 年，辖区面积为 0.4 平方千米，属于天山区解放南路街道管辖。该社区属于老满城的核心区，辖区内有 2 个行政事业单位（商务厅、卫生厅），公有制经济组织 2 家，非公有制经济组织 27 家，以商贸厅和卫生厅家属院居民为主要居住群体，受我国单位制影响，社区基础设施和公共服务设施条件较为完善，人居环境建设水平较高。2007 年创建充分就业社区，获得市委宣传部颁发的 2007 年百部革命电影进社区优秀社区奖，社区以文化特色为主。目前，随着"单位人"向"社会人"的转变，社区建设管理和社会空间碎化现象比较突出（楚静，2011）。辖区常住人口 1005 户 2103人，其中汉族 742 户 1325 人，男 556 人，女 769 人；少数民族 263 户 768 人，男 378 人，女 390 人。少数民族人口约占常住人口的 22%。社区居民关注的热点、难点问题包括棚户区改造拆迁、建立社区老年活动室、维修损坏的健身器材、社区停车场的问题等。

2. 皇城社区（C2）

属传统街坊型社区，成立于 1961 年，辖区面积为 0.2 平方千米，属于天山区团结路街道管辖。"皇城"名称源自于清朝政府曾在这里派兵驻扎居住扩大延伸，成为当时热闹非凡的老"皇城"，故得此名，社区文化和地缘板块特色显明。辖区内事业单位 2 个（新疆维吾尔自治区杂技团、乌鲁木齐市第二幼儿园）；国有企业单位 2 个（新疆维吾尔自治区电影发行放映公司、新疆电子研究所有限公司）；108 家个体营业网点、27 家私营企业。辖区巷道 4 条、7 个居民院落、26 栋居民楼。目前，辖区常住人口 848 户 2219 人（其中少数民族 560 户 1465 人，民族比例为 66%）；辖区内重点工作户（低保户）21 户 38 人；重点管控户 13 户。辖区流动人口 467 户 1891 人，其中少数民族 420 户 1750 人（民族比例为 90%）。社区内部房屋低矮、破落，北三巷以西散居民院落无物业，下水管网老化经常堵塞，改造困难，成为社区的热点难点问题。

3. 吉顺路东社区（C3）

属商品楼盘型社区，成立于 2012 年，辖区面积为 1.7 平方千米，属于天山区延安路街道管辖。该社区为和顺商住小区（和顺花园一期、二期、三期）。总户数 3000 户，实际入住 2808 户，总人口 8321 人；其中常住户 559 户 2245人（占总人口的 27%）；流动人口 2249 户 6076 人（占总人口的 73%）；少数民族 2559 户 7925 人（占总人口的 95.24%）；辖区有驻地单位 1 家，非公有制经济组织 13 家，商业网点 112 家，居住群体以高收入阶层为主。目前，该社区为纯居民和流动人口相结合的商住型小区，辖区出租房屋多、流动人口多，人员构成复杂，管理难度较大。

4. 红雁池东社区（C4）

属城郊边缘型社区，成立于 2005 年，辖区面积为 57 平方千米，属于天山区红雁街道管辖。该社区由达坂城哈萨克族牧民村改设为天山区红雁街道下辖社区，哈萨克民族文化特色鲜明。总人口 889 人，其中哈萨克族人口占 50%，是哈萨克族聚居区。辖区有 8 家企业。红雁池东社区下辖范围离红雁池水库较近，属于水源地保护区，禁止建设大规模基础性设施，居民一直住着平房，没通上下水。因为地理位置，自来水管网铺设受限，2010 年至今，居民日常用水全靠天山区城市建设局园林队每天送两车水①。目前该社区基础设施和公共服务设施配套严重不足，社区居民交往频繁，社区文化以乡村文化为特征，治安状况良好。

5. 长治路社区（C5）

属民族聚居型社区，成立于 2012 年，辖区面积为 16.2 平方千米，属于新市区二工乡管辖。该社区总人口 6603 人，其中回族人口占 62.77%，是回族聚居区。该社区是原来的砖厂，农业以种植、养殖为主，第二、第三产业以商饮业和交通运输业为主，获评为自治区级文明村。

6. 桂林路社区（C6）

属流动人口型社区，成立于 2002 年，辖区面积为 0.23 平方千米，属于新市区高新街街道管辖。辖区总户数 4875 户 8151 人，其中常住户 1166 户 2824 人；流动户 3709 户 5327 人（处于动态变化中），为常住人口的 2 倍左右；少数民族 232 户 793 人；出租房屋 3200 间。辖区共有居民小区数 6 个，楼栋 23 栋，楼栋长 47 名，信息员 47 名，志愿者队伍 2 支 20 人，各类积极分子 50 名。社区全年办公经费 16 万元，办公用房于 2011 年由区财政购置，面积为 1397 平方米。社区呈现流动人口多、出租屋多、小摊小贩多等特点，社区特色工作为：流动人口培训、出租屋门禁系统管理。

7. 大江社区（C7）

属流动人口型社区，主要是疆内流动人口聚居区，成立于 2012 年，辖区面积为 1.2 平方千米，属于沙依巴克区雅玛里克山街道管辖。总人口 2960 人，其中少数民族人口占社区总人口的 80%。社区流动人口多，出租房屋较多，流动人口占社区总人口的 78%，出租房屋 500 间。该社区被城市规划为整体改造区。

---

① 乌鲁木齐红雁池东社区又被划到一级水源保护区范围内，乌鲁木齐红雁池东社区通水须穿"三座大山". http://www.urumqi.gov.cn/znsx/jdxw/sgjs/173992.htm［2014-02-26］。

第二节　城市社区居民满意度评价

一、调查问卷的设计

采用居民入户调查和半结构式访谈相结合的方式，对乌鲁木齐市 7 个典型社区进行第一手资料的收集，共发放调查问卷 750 份，有效问卷 743 份。其中：龙泉社区 $N=138$，皇城社区 $N=148$，吉顺路东社区 $N=112$，红雁池东社区 $N=82$，长治路社区 $N=90$，桂林路社区 $N=51$，大江社区 $N=122$。

调查问卷中设计调查对象基本信息、居住状况、社区设施满意度、居民日常行为、社区管理和邻里关系等方面问题。对居民满意度有直接影响的指标 $X_1 \sim X_{12}$ 设置非常满意（方便）、比较满意（比较方便）、一般、不满意（不方便）、非常不满意（非常不方便）5 个评价等级，分别赋值 4、3、2、1、0，总分 10 分；指标 X_{13} 设置购买、自建、租住、合租、其他 5 个评价等级，分别赋值 4、3、2、1、0，总分 10 分；指标 X_{14} 设置 200 平方米及以上、180 平方米、150 平方米、120 平方米、100 平方米、80 平方米、60 平方米、20 平方米及以下 8 个评价等级，分别赋值 8、7、6、5、4、3、2、1；指标 X_{15} 设置优越感强、有优越感、一般、优越感弱、根本无优越感 5 个评价等级，分别赋值 4、3、2、1、0，总分 10 分。

二、评价指标体系的构建

1. 评价指标的选择

城市居民对社区总体满意度是一个综合性的指标，涉及多个方面、多个层次，是居民长期以来各种微观感受的一种累积效应。社区居民满意度受社区建设管理水平、周边环境、基础设施完善程度、邻里关系及居住空间等多方面的影响。Sirgy 等以四个不同社区为案例，从居民生活质量视角出发构建评价体系和模型对社区居民满意度进行了系统研究（Sirgy et al.，2000）；Raje 运用生活垃圾管理（SWM）系统，以影响居民满意度因素的量化指标去调节系统平衡，对居民满意度水平进行了新尝试（Raje et al.，2001）；Sasson 运用面对面的半结构式访谈方式，对犹太人和非洲人居住社区进行实证研究，探讨种族认同中居民满意度的影响（Sasson，2001）；Nunkoo 和 Raakissoon 通过构建社区邻里环境满意度、社区承诺及社区服务满意度三个潜在影响变量，对 363 名调查对象进行了旅游支持度和满意度评价研究（Nunkoo and Ramkissoon，

2011）；Tsutsui 等以日本北九州市 996 名调查者为研究对象，通过 Logistic 回归分析就居民日常生活满意度和偏好进行了探讨（Tsutsui et al.，2001）；耿金花等运用层次分析和因子分析，从日常生活、建设管理等四个方面构建社区满意度评价体系（耿金花等，2007）；伍俊辉等采用访谈式调查和问卷调查相结合的方法，对兰州市城区居民的择居偏好和对居住环境的满意度进行了深入调查和研究（伍俊辉等，2007）；赵东霞等基于瑞典顾客满意度指数（SCSB），构建满意度模型，对影响城市居民社区满意度的因素进行了实证研究（赵东霞等，2009）。此外国内外学者，还分别从"旅游满意度"（唐晓云和吴忠军，2006；陶玉国等，2010；钱树伟等，2010；Rand et al.，2011）、"人居环境满意度"（Potter and Cantarero，2006；Berkoz and Keuekci，2007；周侃等，2011；黄宁等，2012；史兴民，2012）、"医疗服务满意度"（Brodaty et al.，2003；Osborne et al.，2012）及"公共服务满意度"（李小建和乔家君，2002；Ashfaq et al.，2010；Zolnik，2011；张景秋，2011；Sulaiman et al.，2012）等多个视角，在这些前人研究的基础上，围绕社区居民满意度，遵循指标评价体系客观性、科学性、完整性和有效性的原则，综合考虑了社区基础设施、社区建设管理、社区人居环境、社区邻里关系、社区居住空间等因素的影响，选取乌鲁木齐市的社区居委会工作（x_1）、社区物业管理（x_2）、社区内环境卫生（x_3）、社区内治安状况（x_4）、社区内网络状况（x_5）、社区及周边配套设施（x_6）、社区附近交通便捷程度（x_7）、社区就医便利程度（x_8）、社区子女上学便利程度（x_9）、社区休息娱乐便利程度（x_{10}）、社区文化活动开展（x_{11}）、社区邻里关系状况（x_{12}）、社区住房性质（x_{13}）、社区居民住房面积（x_{14}）、社区居住优越程度（x_{15}）15 个三级评价指标，建立了一套比较合理的社区居民满意度评价体系。

2. 建立层次结构模型

多元线性回归广泛用于顾客满意度定量评价研究中，多可由最小二乘法求得模型参数的最优无偏估计。但实际应用中，由于影响因素之间不能完全独立，多因素间在某种程度上，存在多重共线性。若因子共线性趋势明显时，强制实施最小二乘法回归，会产生很严重的问题，导致结果与实际存在较大偏差，这时需要采用因子分析法予以解决。

因子分析法是通过分解原始变量，从中挖掘潜在的影响因子，将相关性较强的指标归为一类。每一类变量代表了一个共同的因子，不同类之间则相互独立，从而在尽可能多地反映原来信息的前提下，解决了变量间多重共线性问题，原理如下。

假定有 p 个变量 x_1，x_2，…，x_p，在 n 个样本中对 p 个变量进行观察，并

将结果构建为 $X=[nB_p]$ 的原始数据矩阵 [式（4-1）]。

$$X=\begin{bmatrix} x_{11} & x_{12} & \cdots & x_{1p} \\ x_{21} & x_{22} & \cdots & x_{2p} \\ \vdots & \vdots & \vdots & \vdots \\ x_{n1} & x_{n2} & \cdots & x_{np} \end{bmatrix} \tag{4-1}$$

为了消除变量间在数量级上或量纲上的不同，在进行数据分析前对变量先进行"0-1"标准化。假定标准化后的变量为 z_1，z_2，$\cdots$，z_p，因子分析的基本假设是 p 个标准化变量可由 p 个新的标准化变量——因子 F_1，F_2，$\cdots$，F_p 线性表示 [式（4-2）]。

$$z_j=a_{j1}F_1+a_{j2}F_2+\cdots+a_{jp}F_p \quad (j=1,2,\cdots,p) \tag{4-2}$$

式中，a_{ij}（i，$j=1$，2，$\cdots$，p）构成矩阵 A 为因子载荷矩阵。假定式（4-2）中 p 个因子按照方差贡献率由大到小排列，选择 m 个方差贡献率（以特征值大于 1 为标准）较大的因子（m 个因子的累计方差贡献率在 70% 以上），此时，式（4-2）可转换为式（4-3）：

$$z_j=a_{j1}F_1+a_{j2}F_2+\cdots+a_{jm}F_m+e_j \tag{4-3}$$

式中，e_1，e_2，$\cdots$，e_p 为误差项。通过计算可以得到因子载荷矩阵 A。

利用因子分析法提取影响社区居民满意度的潜在变量作为评价体系的二级指标，可以归类为三级指标，从而构成具备合理性和层次性的指标体系，同时解决了各影响因素间的多重共线性问题，并得到了实际有解释意义的公共主因子。

在社区居民满意度研究中，运用此法提取了影响社区满意度的潜在 5 个主因子作为评价体系的准则层。通过多元线性回归分析发现因子间存在多重共线性，因此通过综合分析和调试，采用因子分析，通过了容忍度、膨胀因子、特征值和条件指数等几项检验，以特征值大于 1 和累计方差贡献率大于 70% 为因子分析选择标准，从 15 个原始变量中选择了 5 个主因子，进行居民满意度评价研究。选择提取主因子特征值及其对应的方差贡献率如表 4-4 所示。

表 4-4　特征值及方差贡献率

主因子	特征值	方差贡献率（%）	累计方差贡献率（%）
1	4.459	29.726	29.726
2	2.269	15.126	44.852
3	1.555	10.368	55.220
4	1.303	8.687	63.907
5	1.050	6.998	70.905

由表4-5可以反映各主因子主要与哪些原始变量直接相关。其中：第1主因子主要与社区及周边配套设施（x_6）、社区附近交通便捷程度（x_7）、社区就医便利程度（x_8）、社区子女上学便利程度（x_9）、社区休息娱乐便利程度（x_{10}）正相关，更多地反映社区及其周边基础设施的配置率和便民性，可归结为"基础设施"因子；第2主因子主要与社区居委会工作（x_1）、社区物业管理（x_2）和社区文化活动开展（x_{11}）正相关，更多地反映社区的建设和管理水平，可归结为"建设管理"因子；第3主因子主要与社区内环境卫生（x_3）、社区内网络状况（x_5）和社区居住优越程度（x_{15}）正相关，可归结为"人居环境"因子；第4主因子主要与社区内治安状况（x_4）、社区邻里关系状况（x_{12}）正相关，可归结为"邻里关系"因子；第5主因子主要与社区住房性质（x_{13}）和社区居民住房面积（x_{14}）正相关，可归结为"居住空间"因子。因此，以社区居民满意度为目标层，以基础设施（F_1）、建设管理（F_2）、人居环境（F_3）、邻里关系（F_4）和居住空间（F_5）5个主因子为准则层，原始变量$x_1 \sim x_{15}$为指标层构成层次结构模型。

表4-5　因子载荷矩阵

评价指标	第1主因子	第2主因子	第3主因子	第4主因子	第5主因子
x_1	−0.005	**0.965**	−0.049	−0.016	−0.070
x_2	−0.145	**0.663**	0.005	0.033	0.101
x_3	0.339	−0.064	**0.651**	0.295	−0.118
x_4	0.084	−0.071	0.269	**0.747**	−0.051
x_5	0.202	−0.052	**0.774**	−0.024	−0.130
x_6	**0.908**	−0.072	0.160	0.124	0.025
x_7	**0.652**	0.011	0.065	0.023	−0.077
x_8	**0.882**	−0.040	0.168	−0.016	−0.046
x_9	**0.865**	−0.107	0.168	0.015	−0.029
x_{10}	**0.822**	−0.056	0.145	0.191	0.047
x_{11}	−0.005	**0.965**	−0.049	−0.016	−0.070
x_{12}	0.095	0.062	0.053	**0.730**	0.076
x_{13}	0.043	−0.029	0.404	−0.465	**0.606**
x_{14}	−0.093	−0.004	−0.177	0.138	**0.865**
x_{15}	0.150	0.023	**0.616**	0.349	0.242

3. AHP 确定权重

准则层对于目标层的权重由各因子的贡献率确定，如表4-4所示，选取的5个主因子，对应的特征值分别为（4.459，2.269，1.555，1.303，1.050），根据式（4-4）：

$$\lambda_i / \sum_{i=1}^{n} \lambda_i \quad (i=1,2,3,4,5) \tag{4-4}$$

可以计算得到各主因子的贡献率为（0.419，0.213，0.146，0.123，0.099），社区总体满意度评价值可以表示为式（4-5）：

$$F = 0.419F_1 + 0.213F_2 + 0.146F_3 + 0.123F_4 + 0.099F_5 \tag{4-5}$$

在此基础上，将基础设施、建设管理、人居环境等5个主因子表示为原变量的线性组合，构建回归方程，对各主因子和与其各自可解释的原变量进行回归分析。最终，将原变量与主成分因子的回归系数根据公式进行归一化处理［式（4-6）］，可得到指标层对于准则层的客观权重，结果如表4-6所示。

$$w_i = a_i / \sum_{i=1}^{n} a_i \tag{4-6}$$

表4-6　居民满意度主成分因子与评价指标的回归分析

主成分因子	评价指标	标准化回归系数	系数归一化	T统计量值	双尾显著性检验
F_1 $(R^2=0.959)$	x_6	0.248	0.215	14.607	0.000
	x_7	0.202	0.175	22.844	0.000
	x_8	0.269	0.234	19.647	0.000
	x_9	0.223	0.194	16.440	0.000
	x_{10}	0.209	0.182	16.561	0.000
F_2 $(R^2=0.994)$	x_1	0.418	0.374	126.966	0.000
	x_2	0.281	0.252	85.426	0.000
	x_{11}	0.418	0.374	1026.966	0.000
F_3 $(R^2=0.815)$	x_3	0.241	0.207	12.632	0.000
	x_5	0.569	0.489	32.037	0.000
	x_{15}	0.354	0.304	20.010	0.000
F_4 $(R^2=0.807)$	x_4	0.559	0.512	32.353	0.000
	x_{12}	0.533	0.488	30.843	0.000
F_5 $(R^2=0.931)$	x_{13}	0.439	0.363	44.215	0.000
	x_{14}	0.769	0.637	77.559	0.000

4. 居民满意度评价模型

最终，通过AHP客观赋权，得到指标层对于准则层的权重系数，如表4-7所示。根据社区居民满意度评价指标体系，结合AHP确定的客观权重可得到居民满意度的最终评价模型：

$$S = 0.08x_1 + 0.054x_2 + 0.03x_3 + 0.063x_4 + 0.071x_5 + 0.09x_6 + 0.073x_7$$
$$+ 0.098x_8 + 0.081x_9 + 0.076x_{10} + 0.08x_{11} + 0.06x_{12} + 0.036x_{13}$$
$$+ 0.063x_{14} + 0.044x_{15} \tag{4-7}$$

表 4-7 社区居民满意度评价指标体系

目标层	准则层	指标层	指标层对目标层权重系数
居民满意度	基础设施 (0.419)	x_6 (0.215)	0.090
		x_7 (0.175)	0.073
		x_8 (0.234)	0.098
		x_9 (0.194)	0.081
		x_{10} (0.182)	0.076
	建设管理 (0.213)	x_1 (0.374)	0.080
		x_2 (0.252)	0.054
		x_{11} (0.374)	0.080
	人居环境 (0.146)	x_3 (0.207)	0.030
		x_5 (0.489)	0.071
		x_{15} (0.304)	0.044
	邻里关系 (0.123)	x_4 (0.512)	0.063
		x_{12} (0.488)	0.060
	居住空间 (0.099)	x_{13} (0.363)	0.036
		x_{14} (0.637)	0.063

三、居民满意度评价结果

以乌鲁木齐市典型调查社区为例，通过评价模型［式（4-7）］利用 SPSS 软件统计的居民各项统计值，汇总调查社区居民满意度统计量，计算求得 7 个调查社区居民满意度评价值，通过式（4-8），将评价值进行标准化处理，最终得到居民满意度综合评价结果，如表 4-8 所示。

$$y_i = \left(x_i - \min_{1 \leqslant j \leqslant n} \{x_j\} \right) / \left(\max_{1 \leqslant j \leqslant n} \{x_j\} - \min_{1 \leqslant j \leqslant n} \{x_j\} \right) \qquad (4-8)$$

表 4-8 综合评价结果

	评价指标	C1	C2	C3	C4	C5	C6	C7
二级指标	基础设施 (F_1)	**0.612****	0.583	0.581	**0.168***	0.565	0.534	0.598
	建设管理 (F_2)	0.499	**0.474***	0.479	**0.571****	0.486	0.552	0.530
	人居环境 (F_3)	0.603	0.540	**0.621****	**0.388***	0.525	0.532	0.412
	邻里关系 (F_4)	0.658	**0.629***	0.636	0.682	0.641	0.668	**0.807****
	居住空间 (F_5)	0.625	0.558	0.615	**0.753****	0.591	**0.309***	0.531
一级指标	总体满意度 (S)	**0.555****	0.506	0.532	**0.333***	0.505	0.460	0.527

* 为评价低值；** 为评价高值

C1～C7 中，总体满意度和各主要影响因子间呈现出不完全一致的特点。基础设施：龙泉社区（C1）最为完善，红雁池东社区（C4）最差，两者相差几倍，其余社区则较为接近。建设管理：红雁池东社区呈现出显著优势，得分最高，皇城社区（C2）相对而言则略差些。人居环境：吉顺路东社区（C3）和龙泉社区均较高，红雁池东社区居住环境最不理想。邻里关系：大江社区（C7）

居民最为和睦、友好，皇城社区则相对较差。居住空间：红雁池东社区平均住房面积最大，最为满意；桂林路社区（C6）因是流动人口集中居住区，除社区内的万泰商住小区（高层）外，其余建筑以平房和自建低层住宅为主，因此居住空间最为狭小，居民评价最差，平均住房面积最小，居住空间最不满意。

总体满意度而言：龙泉社区居民满意度最高，S 值为 0.555，红雁池东社区居民最不满意，S 值为 0.333，居民对红雁池东社区最不满意，究其原因在于该社区属于政府划定的棚户改造区，基础设施停止投资和建设，另外周边环境受国电新疆红雁池发电有限公司电厂、新疆红雁池第二发电有限责任公司电厂和新疆红雁池新型建材有限公司水泥厂的影响，人居环境条件差，导致居民对社区总体评价不满意，其中在"基础设施"上两个社区的差别最为显著；其余社区间居民满意度评价则较为接近，差异不显著（表4-8）。

第三节　城市社区居民满意度影响因素

一、社区类型差别

乌鲁木齐实证案例社区分属于六种不同社区类型。其中，单位大院型社区（C1）以商贸厅和卫生厅家属院居民为主要居住群体，受我国单位制影响，社区基础设施建设最为完善，人居环境建设水平较高，随着"单位人"向"社会人"的转变，社区建设管理和社会空间碎化现象比较突出，原住居住群体对新融入群体接受度偏低，影响居民满意度总体评价。传统街坊型社区（C2）紧邻新疆国际大巴扎，传统老街坊特色鲜明，是多民族文化融合的样板社区，社区内部房屋低矮、破落，北三巷以西散居民院落无物业，下水管网老化经常堵塞，改造困难，成为社区的热点难点问题，是导致社区建设管理水平较低的关键因素。商品楼盘型社区（C3）居住群体以高收入阶层为主，因是开发商投资建设，社区人居环境状况最为理想。城郊边缘型社区（C4）原归达坂城区阿克苏乡，是阿克苏乡的一个牧业村，位于乌鲁木齐市南郊，红雁池水库附近，因城市发展需要，政府将其规划纳入整体搬迁区，基础设施不再投入，原有基础设施建设水平又极其落后，社区内仅有1趟公交车经过，居民饮水靠送水车定期派送，环境卫生极差，人居环境极不理想。民族聚居型社区（C5）地处铁路局、美家物流园、亚欧博览中心核心位置，居民以回族为主，是典型的少数民族（回族）聚居区，属于宁夏回族移民村，民族文化特色鲜明，辖区内以老砖厂退休职工居多，房屋低矮，租金便宜，聚集了大批在乌鲁木齐市打工的回族居民，流动性强，建设管理难度大，居住环境一般，是目前棚户区改造的重点地区，因此居民总体满意度一般。流动人口型社区（C6 和 C7）呈现流动人口多、出租屋多、小摊小贩多等特点。其中，C6 以疆外流动人口为主，流动人口培训、出租屋门禁系统管理为社区特色，由于流动人口高度聚集导致居民居住面积偏小，居住空间最不满意；C7 兼具传统街坊型和民族聚居型特点属纯居民型社区，除原住居民外，以南疆维吾尔族流动人口为主，是南疆流动人口到乌鲁木齐市的落脚点，社区特色表现为三多（出租房屋多、流动人口多、少数民族多）、一低（居民文化素质低）、一大（流动性极大），人员结构极为复杂，是政府规划棚户区改造重点区。由于居民民族成分相同，相互之间沟通交流多，邻里关系状况最为理想。

二、周边公共服务设施

居住、生活在一个实体的社会空间内，居民意象空间和感知空间的构建与周边的环境是密不可分的。龙泉社区总体满意度和基础设施满意度得分最高，根源于其周边（$R=1500$ 米）良好的购物、交通、就医等环境，相比而言，红雁池东社区不具备这样的周边环境，因此总体满意度和基础设施评价都极低，其他社区也不例外。从社区 1500 米半径范围内，区级购物商场、公园、医院、学校、交通站点等分布情况可总体看到社区的周边环境状况，7 个调查社区周边环境状况如表 4-9 所示。

表 4-9　社区周边环境状况（$R=1500$ 米范围内）

周边环境	购物环境	公园休闲	就医环境	子女受教育	交通环境
C1	大西门、小西门、山西巷子	人民公园、西公园	新疆维吾尔自治区人民医院、乌鲁木齐市妇幼保健医院	乌鲁木齐商业厅幼儿园、乌鲁木齐市第九小学、乌鲁木齐市第二中学、新疆维吾尔自治区商业学校	7、910、35、931、63、73、528 路公交车
C2	二道桥、新疆国际大巴扎	延安公园、水上乐园	乌鲁木齐市友谊医院	乌鲁木齐市第 19 小学、乌鲁木齐市第 6 中学、乌鲁木齐市第 16 中学、乌鲁木齐广播电视大学	快速公交 2 号线和 3 号线（BRT2、BRT3）、60、61、10、308、309、20、21 路公交车
C3	大湾干果批发市场	昌乐园	新疆整形美容医院	乌鲁木齐市新市区晨光私立幼儿园、乌鲁木齐市第 72 小学	301、302、308 路公交车
C4	无	无	无	乌鲁木齐市第 33 小学	仅 308 路公交车
C5	铁路局西单商场、新市区广汇美居物流园	铁路局公园、植物园	乌鲁木齐儿童医院分院、新疆医科大学第五附属医院	乌鲁木齐市第 62 小学、乌鲁木齐市第 52 中学、乌鲁木齐市第 44 中学	52、79 路公交车

续表

周边环境	购物环境	公园休闲	就医环境	子女受教育	交通环境
C6	福润德购物中心	鲤鱼山公园	新疆医科大学、新疆医科大学第一附属医院十二师分院	乌鲁木齐高新区钻石私立幼儿园、乌鲁木齐市第36小学	快速公交1号线（BRT1）、535、306、913、153、701路公交车
C7	德汇火车头外贸城、新疆国际商贸城	无	新疆维吾尔自治区中医医院	乌鲁木齐市第24小学、乌鲁木齐市第23中学	8、44、909路公交车

注：表格内容根据社区居委会反馈信息及实地调研信息汇总

因此，社区周边购物、就医、交通等环境状况对居民满意度的判断具有决策性作用。

三、社区居民个体差异

1. 社区居民年龄结构

743个调查对象中，总体满意度在0.6以上的调查对象171人，平均年龄为50岁，说明同等条件下，年长者更易于对生活满足，对社区的满意度评价较高，根据实际调研，7个社区所调查居民的年龄结构如图4-4所示。结果显示，龙泉社区（C1）以老年人居多，60岁以上的居民占44.9%，多数是已经离退休的商贸厅和卫生厅的干部职工，由于老年人对社区的期望值偏低，生活需求易于满足，且退休后单位福利待遇好，所以社区居民总体满意度较其余社

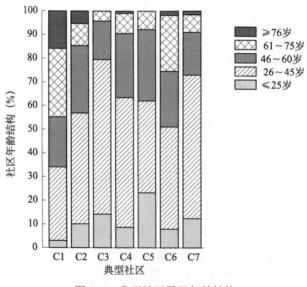

图4-4 典型社区居民年龄结构

区较高。红雁池东社区（C4）居民满意度最低，居住群体中 26～45 岁年龄段占总调查人数的 55%，居民对社区应该提供服务的期望偏高，社区条件不具备，因此满意度最差。

2. 社区居民文化程度

统计分析发现，前 200 个居民满意度较高的调查对象中，平均学历为高中及以上，说明虽然高学历者对生活期望高，但因这些居民具有一定的技能，能够为实现目标做出努力，所以同等条件下，文化程度高者对社区满意度评价偏高，7 个社区所调查居民文化程度如图 4-5 所示。结果显示：龙泉社区（C1）、吉顺路东社区（C3）居民文化水平层次高，大专及以上学历居民分别占45.7%、49.1%，且有研究生学历居民；皇城社区（C2）和桂林路社区（C6）居民文化程度从小学到大学本科较为均衡，比例接近 1∶1；红雁池东社区（C4）、长治路社区（C5）和大江社区（C7）居民文化程度以小学及以下居多，初中以下学历居民分别占到 75.6%、87.8%、83.6%，社区居民满意度的综合评价结果与文化程度统计分析的结果相一致，说明社区居民文化程度对满意度的评价有重要影响。

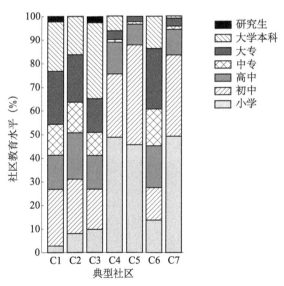

图 4-5 典型社区居民文化程度

3. 社区居民家庭收入

调查对象中，居民满意度较高者以高收入群体为主，平均家庭月收入水平在 3000～4000 元。乌鲁木齐在我国大城市中消费水平处于中等偏上，要想满意自己的日常生活需求，必须有好的经济收入来源作保障，因此高收入者调查对象对居民满意度的评价具有正影响。纵观 6 种类型的 7 个调查社区，单位大院型（C1）和商品楼盘型（C3）社区居民以收入水平较高者居多，流动人口型（C6、C7）及城郊边缘型（C4）社区居民以低收入群体为主，传统街坊型（C2）和民族聚居型（C5）社区收入水平居中。因此，居民满意度综合评价结果，直接受影响于这些社区居民家庭收入水平上存在的显著差异。

第五章　乌鲁木齐社区居民空间感知

通过进一步自下而上的微观层面城市社区研究，进而揭示居民意象行为和空间感知，探索社会空间结构演变的内在机理。本章以社区公共服务设施空间分布为基础，通过问卷调查和深度访谈，分析居民"人与设施"的行为（包括购物行为、通勤行为、就医行为、子女受教育行为、休闲娱乐行为、宗教行为等）和"人与人的行为"（邻里交往行为），通过社区设施空间缓冲区分析，探讨社区设施对居民日常行为的影响，并提出社区公共服务设施空间布局模式。

第一节　典型案例社区公共服务设施

一、城市公共服务设施

乌鲁木齐城市公共服务设施包括教育设施、医疗设施和商业设施等六大类，并细分为 20 个统计小项（表 5-1）。

表 5-1　乌鲁木齐城市公共设施类别及细分

类别	细分项	类别	细分项
教育设施	小学	医疗设施	综合医院
	中学		专科医院
	高等院校		社区卫生服务中心
商业设施	大型商场		诊所、卫生所、医务室、护理站
	零售超市	文化设施	群艺馆、文化馆、文化站
	酒店住宿		博物馆
	餐饮		图书馆
	邮电局所		宗教活动场所（清真寺、基督教堂等）
体育设施	市级体育场馆	交通设施	公交站点
	区级体育场馆		BRT 站点

根据统计资料数据，参考 2007 年乌鲁木齐市社区基础设施和公共服务设施现状调查（调查区域包括天山区、沙依巴克区、新市区、水磨沟区、头屯河区、米东区、达坂城区 7 个市辖区，58 个街道办事处，2 个镇区，下辖的 498 个社区居民委员会和 5 个村民委员会），乌鲁木齐市教育设施、商业设施、文化设施、体育设施、医疗设施和交通设施六大类城市公共设施整体水平较低，且公共服务设施空间配置不合理现象较显著，如医疗服务设施，大型医院主要

集中分布于天山区、沙依巴克区和新市区，市边缘辖区、县（如头屯河区、达坂城区、乌鲁木齐县）大型医院数量极少（图 5-1）。

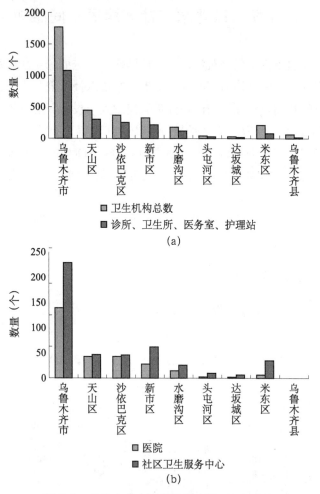

(a)

(b)

图 5-1　乌鲁木齐市医疗设施水平（2010 年）

　　乌鲁木齐市社区公共服务设施调查结果表明：社区（居住区）对公共建筑配套设施均有相应的规划指标设定，其中分为应配建项目和宜建设项目，如教育设施中的幼儿园、小学和普通中学等。文化设施、医疗设施和商业设施等社区公共服务设施配套使用是否方便，直接决定了居民的居住和生活质量。而调查中发现，文化设施（56.5%）、商业设施（54.5%）和卫生设施（54.3%）的便捷度都不及 60%，物业管理和体育设施更差。因此，总体上社区公共服务设施配套仍不尽完善。

　　营利性服务设施与公益服务设施的空间配置不平衡现象严重。各个社区中，营利性的服务设施（如麻将馆、小吃、餐饮等）基本到位，甚至分布过于密集，且因其排污、噪声等问题影响到了居民的日常生活，而本应为居民提供便利服务的公共阅览室、老年人活动室、社区文化活动中心和体育设施等在数量上则严重不足。在开展实际社区调查的 7 个社区中，选择龙泉社区（C1，单位大院型）、皇城社区（C2，传统街坊型）、吉顺路东社区（C3，商品楼盘型）和桂林路社区（C6，流动人口型）4 个社区作为典型案例社区，来研究乌鲁木齐城市社区公共设施空间布局及其对社区居民的行为影响。

二、社区内部公共服务设施空间布局

通过三维形态图能够清晰地展现了社区内部结构[①]。龙泉社区以卫生厅和商务厅政府机构为基础，内部高楼林立，休闲绿地配置合理；皇城社区因传统街坊特色显著，社区周边紧邻国际大巴扎方向高楼林立，社区内部以自建低层住宅和多层住宅为主，绿地分布较少；桂林路社区因是流动人口集中居住区，除社区内的万泰商住小区（高层）外，以平房和自建低层住宅为主，且内部没有配置休息绿地（图 5-2）。

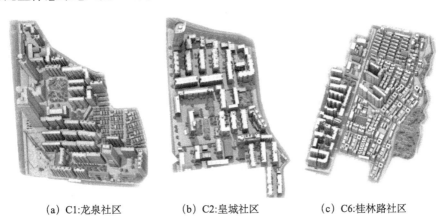

(a) C1:龙泉社区   (b) C2:皇城社区   (c) C6:桂林路社区

图 5-2 龙泉社区、皇城社区、桂林路社区内部结构三维形态图

四个典型案例社区内部公共服务设施包含医疗设施、商业服务设施（购物设施和其他商业设施）、休息娱乐设施、文化教育设施、社区主入口和宗教设施六种类型。由于案例社区分属不同社区类型，因此在公共服务设施的类型、数量和质量上均存在显著差异（表 5-2）。

---

① 缺吉顺路东社区三维形态图。

表 5-2　社区内部公共服务设施类型、数量和质量

社区		公共服务设施类型											社区主入口
		医疗设施		购物设施		其他商业设施		休息娱乐设施		文化教育设施		宗教设施		
代码	类型	数量	质量	数量	质量	数量	质量	数量	质量	数量	质量	数量	质量	数量
C1	单位大院型	3	较高	3	较高	6	较高	4	较高	1	一般	0	—	3
C2	传统街坊型	2	一般	4	中等	5	较高	3	一般	2	较高	0	—	6
C3	商品楼盘型	3	高	6	较高	1	一般	10	较高	0	欠缺	0	—	4
C6	流动人口型	3	较差	7	一般	2	一般	2	极差	3	较高	1	较高	5

龙泉社区（C1）因属单位大院型社区，内部公共服务设施较为齐全，有购物设施 3 家、医疗设施 3 家、其他商业设施 6 处、休息娱乐设施 4 处、文化教育设施 1 处、社区主入口 3 个，各类公共服务设施靠近社区主入口附近，设施空间布局较为合理，社区居民使用便捷程度较高［图 5-3（a）］。

皇城社区（C2）因属传统街坊型社区，内部公共服务设施较为陈旧，且设施空间分布沿社区周边主干道，居民在公共服务设施的使用上，以就近为原则，更多地依赖于传统街坊周边的公共服务设施。该社区有购物设施 4 家、医疗设施 2 家、其他商业设施 5 处、休息娱乐设施 3 处、文化教育设施 2 处、社区主入口 6 个，社区可介入性最强。该社区公共服务设施空间布局比较合理，社区居民使用便捷程度一般［图 5-3（b）］。

吉顺路东社区（C3）因属商品楼盘型社区，内部公共服务设施规划配套标准均较高，但因建设问题，很多设施均在待建中。该社区有购物设施 6 家、医疗设施 3 家、商业设施办公用地 1 处、休息娱乐设施 10 处（以广场、绿地为主，人居环境条件特别好）、缺少文化教育设施和宗教设施，社区主入口 4 个，社区与外界较为封闭，社区配套公共服务设施建设，有待进一步完善［图 5-3（c）］。

桂林路社区（C6）因属流动人口型社区，其中满足居民日常生活的购物设施空间分布最为合理，但内部公共服务设施质量差别较大。该社区有购物设施 7 家、医疗设施 3 家、其他商业设施 2 处、休息娱乐设施 2 处、文化教育设施 3 处、宗教设施 1 处、社区主入口 5 个，各类公共服务设施呈组团分布，空间布局合理，社区居民使用便捷程度较高［图 5-3（d）］。

总体而言，典型案例社区内部公共服务设施在空间布局的合理性、设施的便捷性等方面，空间布局模式以单位大院型社区最优、商品楼盘型社区次之、传统街坊型社区较为理想，而流动人口型社区公共服务设施空间布局仍需进一步改善。

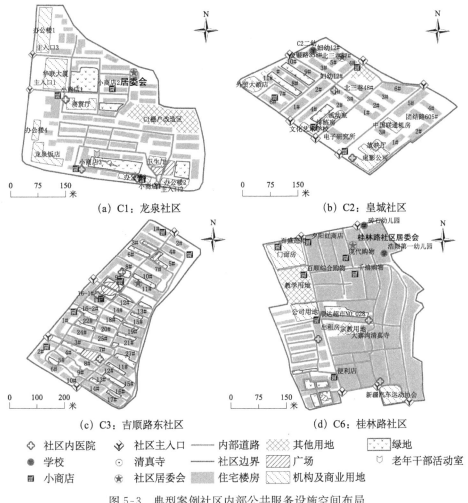

(a) C1：龙泉社区   (b) C2：皇城社区

(c) C3：吉顺路东社区   (d) C6：桂林路社区

◇ 社区内医院   ✛ 社区主入口   ——— 内部道路   ▨ 其他用地   ▦ 绿地
● 学校   ⊙ 清真寺   ——— 社区边界   ▨ 广场   ⊔ 老年干部活动室
▤ 小商店   ★ 社区居委会   ▨ 住宅楼房   ▨ 机构及商业用地

图 5-3　典型案例社区内部公共服务设施空间布局

三、社区外部公共服务设施空间布局

四个典型案例社区外部公共服务设施包含医疗设施（医院、诊所、大型药店）、商业服务设施（综合购物商场、小超市、银行、餐饮、住宿等）、休息娱乐设施（休闲广场）、文化教育设施（老年干部活动室、学校）、市政道路设施（道路、公交站点）和宗教设施（清真寺）六种类型。由于案例社区地理区位上的显著差异，因此社区周边公共服务设施的空间分布在类型和数量上均存在显著差异（表 5-3）。

表 5-3　社区外部公共服务设施类型和数量

社区		公共服务设施类型									
		医疗设施	商业服务设施				休息娱乐设施	文化教育设施	市政道路设施		宗教设施
代码	类型	医院	商场	银行	住宿	餐饮	广场	学校	公交站点	道路数目	清真寺
C1	单位大院型	6	4	5	7	10	1	4	7	9	6
C2	传统街坊型	7	4	3	4	9	2	5	4	11	4
C3	商品楼盘型	3	2	1	1	7	1	4	5	5	0
C4	流动人口型	13	3	9	12	14	2	9	7	6	1

龙泉社区（C1）考虑到社区西侧（200 米）为河滩快速路，社区南侧（500 米）为外环高架等交通运输条件限制。造成社区设施使用上的空间阻隔效应，在研究单元的完整型为原则的基础上，以社区周边主干道"龙泉街—新华南路—人民路—解放南路—龙泉街"为完整单元。因此，该社区在外部公共服务设施空间范围的确定上，选择以龙泉社区居委会为中心，$R=500$ 米范围内为分析半径，进行公共服务设施空间布局研究，空间布局结果如图 5-4 所示。

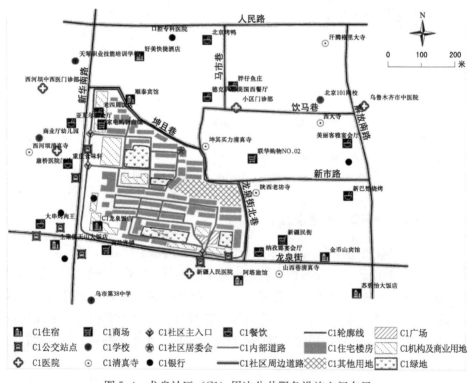

图 5-4　龙泉社区（C1）周边公共服务设施空间布局

皇城社区（C2）以社区周边的主干道"团结路—东外环高架—中泉街—团结路半截巷—团结路"为完整单元，同时因该社区紧邻新疆国际大巴扎且受其设施辐射影响，因此在该社区外部公共服务设施空间范围的确定上，选择以皇城社区居委会为中心，$R=500$米范围内为分析半径，进行公共服务设施空间布局研究，空间布局特征如图5-5所示。

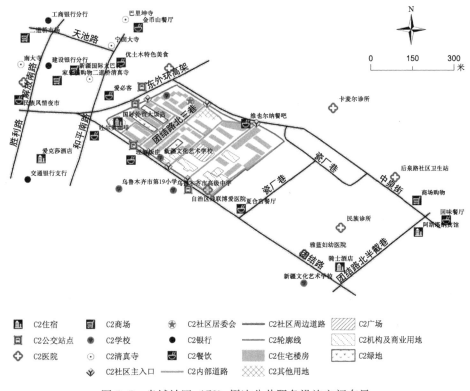

图5-5 皇城社区（C2）周边公共服务设施空间布局

吉顺路东社区（C3）以社区周边的主干道"吉顺路—中湾街—明华街—团结路—吉顺路"为完整单元，同时受社区北侧青岛花苑社区，西侧中环花苑社区等商住小区在消费性公共服务设施上的辐射影响，因此在该社区外部公共服务设施空间范围的确定上，选择以吉顺路东社区居委会为中心，$R=800$米范围内为分析半径（因为该社区面积最大，考虑将半径予以放大），进行公共服务设施空间布局研究，空间布局特征如图5-6所示。

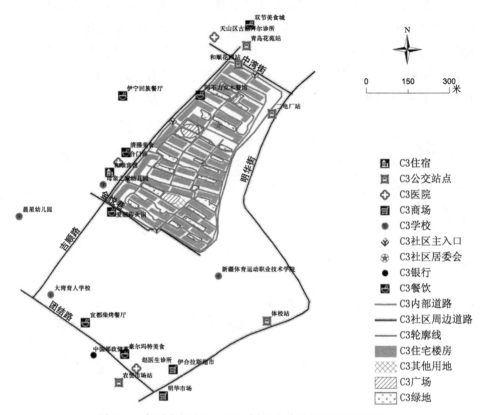

图 5-6 吉顺路东社区（C3）周边公共服务设施空间布局

桂林路社区（C6）以社区周边的主干道"桂林路—昆明路—苏州东路—北京南路—贵州东路—桂林路"为完整单元，同时因社区东侧受鲤鱼山的阻隔，因此在该社区外部公共服务设施空间范围的确定上，选择以桂林路社区居委会为中心，$R=500$ 米范围内为分析半径，进行公共服务设施空间布局研究，空间布局特征如图 5-7 所示。

总体而言，典型案例社区外部公共服务设施在空间布局的合理性、设施的便捷性等方面，四个典型案例社区分别反映了四种社区类型的典型特征。空间布局模式以单位大院型社区和流动人口型社区最为理想，而传统街坊型社区公共服务设施空间布局存在单侧效应（靠近国际大巴扎方向），商品楼盘型社区规划建设的配套设施应加快建设步伐，进一步予以完善和改进。

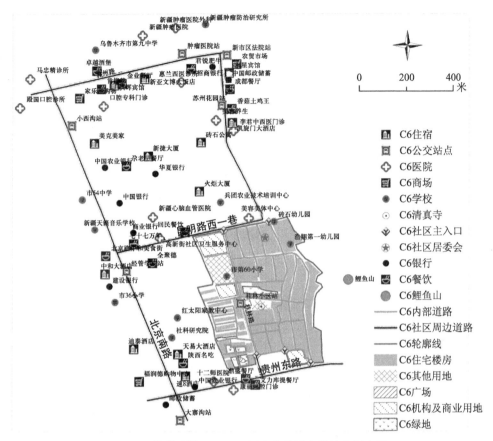

图 5-7　桂林路社区（C6）周边公共服务设施空间布局

第二节　商业设施与购物行为

一、居民购物行为特征

1. 购物地点的选择

社区居民主要的购物地点因购物商品类型的不同，按照距离远近可分为社区内部、社区周边商业中心（$R=1000$ 米范围内）、市级商业中心三个级别。通过对乌鲁木齐市四个典型案例社区的问卷调查和半结构式访谈得知：在购买蔬菜食品时，大部分居民选择在社区的蔬菜供销点或小区附近的农贸市场；只有小部分居民到更远一点的市级商业中心购买，且这部分居民多因工作地点处于该购物场所附近或通勤途中顺手购买。

购买日常用品时,约有85%的居民在小区附近购买,10%的居民到社区周边商业中心购买,只有不到5%的居民到市级商业中心购买。

购买衬衣袜子时,约有30%的居民在小区附近购买,45%的居民到社区周边商业中心购买,25%的居民到市级商业中心购买。

对于西装外套和家用电器,80%以上的居民表示更倾向于在市级商业中心或大型综合市场购买,选择在社区周边商业中心购买的居民不足20%。

因此,社区居民在日常购物活动中,对于不同类型商品的购物地点选择上存在较大差异,不同类型的社区在同种商品类型购物地点的选择上也存在一定差异。总体上,对于蔬菜食品和日常用品,居民更倾向于在社区内部,或距离较近的地点购买;衬衣袜子居民多倾向于在社区周边商业中心购买;而对于西装外套和家用电器的购物地点选择上要求较高,居民更多地倾向于在距离较远、等级较高的市级商业服务中心和大型的家电连锁商场购买。

2. 交通方式的选择

居民调查结果显示,公共交通(公交车和BRT)是乌鲁木齐市区居民购物出行的主要交通方式(四个典型案例市区居民对此有一致的选择,约占55%),私家车次之为20%,步行为15%,其余交通方式不足10%。在购买蔬菜食品的过程中,非机动的步行和自行车交通方式所占比例最高(95%);购买日常用品时采用非机动交通工具的居民比例为70%;购买衬衣袜子、西装外套和家用电器则以公共交通和私家车为主。

通过数据整理分析得出:购买蔬菜食品类商品主要是步行,其次选择的交通工具是公交车;购买日常用品类商品主要是乘公交车,其次是步行;购买衬衣袜子类商品首先乘公交车,居于第二位的是步行;购物西装外衣类商品主要是乘公交车,其次是私家车和出租车;购物家用电器类商品主要是乘公交车,其次是乘出租车。可以看出,公交车或BRT对于乌鲁木齐市居民购物行为来说是非常重要的,而私家车和其他作为出行方式的交通工具所占的比重比较小。另外在购物中,相对一部分人选择了步行,说明乌鲁木齐市区域性的商业中心已经初具规模。出租车在购买高等级商品时占有重要的地位。

不同类型的社区居民在购物出行距离和购物选择的交通方式上存在较大区别。

吉顺路东社区居民出行购物出行距离较远,龙泉社区、皇城社区和桂林路社区居民购物出行距离较近,因此在吉顺路东社区周边应该加大购物设施商业网点数量,方便居民购物。

皇城社区和桂林路社区居民购买低等级商品主要是步行,购买高等级商品主要是乘公交车或 BRT（靠近 BRT 车站，乘车方便），吉顺路东社区居民购买低等级商品主要是步行或公交车，而购买高等级商品主要是开私家车。

二、商业设施空间缓冲区分析

1. 社区内部商业设施空间缓冲区分析

社区内部商业设施包含社区购物超市、便利店、便民市场（水果、蔬菜市场）、小卖铺等商业经营设施。从商业设施的数量、区位及服务半径（调查确定 $R=200$ 米）对社区内部商业设施进行研究，基于 GIS 技术，通过缓冲区分析发现社区内部商业网点配给数量与其能为居民提供服务的辐射范围较为合理，桂林路社区内部商业设施规模结构最为合理，皇城社区和龙泉社区一般，吉顺路东社区内部商业设施建设还有待改善，在社区的西南侧一角急需新配置一商业经营店，满足居民的购物行为（图 5-8）。

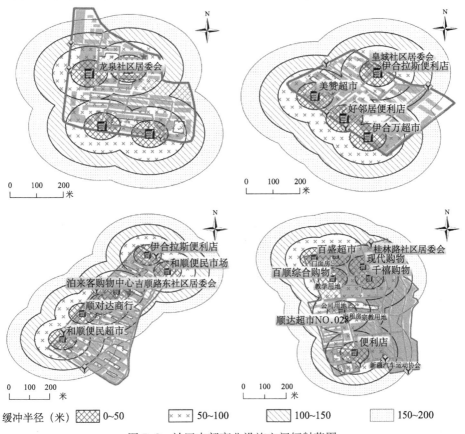

图 5-8　社区内部商业设施空间辐射范围

2. 社区外部商业设施空间缓冲区分析

社区外部商业设施以 $R=100$ 米的缓冲半径，分三个层次（核心辐射区：$R=100$ 米，次级辐射区：$R=200$ 米，外围辐射区：$R=300$ 米）。龙泉社区为购物设施，包括家电购物商城、联华购物、商品连锁店、新疆民街四个商业设施点；皇城社区为购物设施，包括二道桥市场、新疆国际大巴扎、家乐福购物、商场购物四个商业设施点；吉顺路东社区主要为购物和餐饮设施，包括伊合拉斯超市、明华市场、双节美食城、伊宁回族餐厅、阿布力克木餐厅、清膳美食、宜都柴烤餐厅和豪尔玛特美食等九个商业设施点；桂林路社区主要为购物和银行设施，包括家乐福购物、农贸市场、福润德购物中心、招商银行、中国邮政储蓄、中国农业银行、华夏银行、中国银行、中国商业银行、中国建设银行十个商业设施点。四个案例社区购物、饮食和银行商业设施的空间辐射范围和缓冲区分析结果如图 5-9～图 5-12 所示。

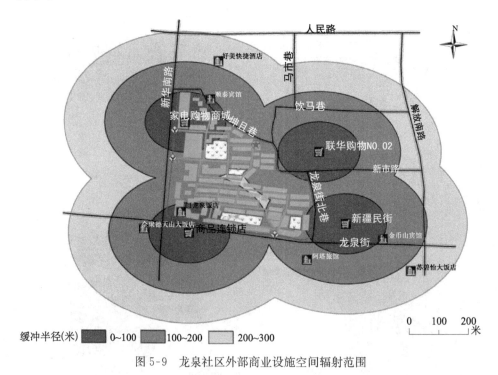

图 5-9　龙泉社区外部商业设施空间辐射范围

三、商业设施对居民购物行为的影响

社区商业设施的完善程度和可达性程度直接决定了社区区位购物行为特点

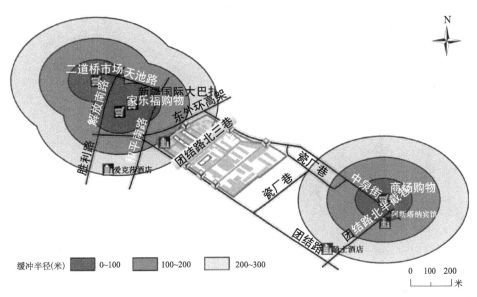

图 5-10 皇城社区外部商业设施空间辐射范围

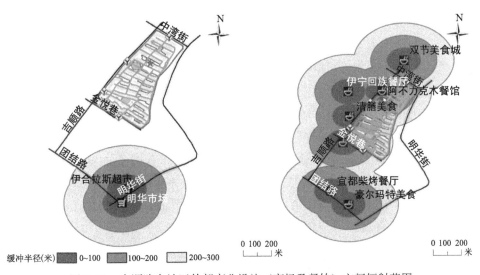

图 5-11 吉顺路东社区外部商业设施（商场及餐饮）空间辐射范围

和购物空间的收敛程度。

对社区内部商业服务设施而言：商业设施在空间辐射范围上，均能满足社区90％的居民日常使用，因空间布局上差异较小，对居民日常行为影响不大。对社区外部商业服务设施而言：龙泉社区和桂林路社区，周边设施布局较为合理，皇城社区和吉顺路东社区周边设施呈远角布局，相比而言，皇城社区居民

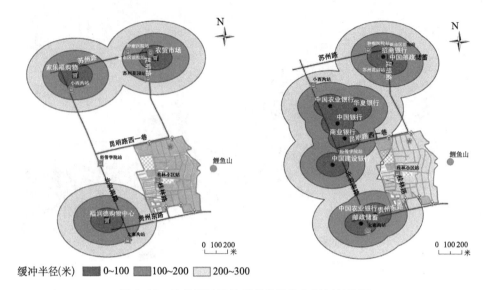

缓冲半径(米) ■ 0~100 ■ 100~200 □ 200~300

图 5-12   桂林路社区外部商业设施空间辐射范围

购物行为更具一般的规律性。

　　将视角提升到市级商业服务设施尺度上：居民对商业中心地的利用和认知情况，能够从根本上体现设施对居民日常行为的影响。龙泉社区靠近小西门商业中心，皇城社区靠近二道桥商业中心，桂林路社区靠近美居物流园，因此三个社区居民的日常活动半径较为合理，而商业楼盘型的吉顺路东社区，周边配套公共服务设施严重缺乏，居民日常活动受到很大程度的限制。

　　通过马燕和马丽调查数据分析（马燕和马丽，2008），乌鲁木齐市居民认知程度最高的商业中心地是小西门，经常去和有时去的居民比例达到70%以上，认知指数最高（表5-4）。目前，乌鲁木齐市商业空间结构处于不断变动中，老市级商业中心仍占据主体地位，而新的商业中心地位也不容忽视（如铁路局和华凌市场）。

表5-4   乌鲁木齐市居民对商业中心地的利用和认知

项目	中山路商业街		小西门		红山		华凌市场		二道桥		友好		铁路局		商贸城		美居物流园	
	次数	比例(%)	次数	比例(%)	次数	比例(%)	次数	比例(%)	次数	比例(%)	次数	比例(%)	次数	比例(%)	次数	比例(%)	次数	比例(%)
经常去	269	35.49	303	39.82	144	20.81	117	16.29	77	11.08	241	33.47	255	34.74	72	12.67	66	9.46
有时去	213	28.10	241	31.67	205	29.62	197	27.44	132	18.99	243	33.75	116	15.80	146	25.71	110	15.76
很少去	217	28.63	196	25.76	312	45.09	337	46.94	395	56.84	213	29.58	264	35.97	253	44.54	314	44.99
没去过	59	7.78	21	2.76	31	4.48	67	9.33	91	13.09	23	3.20	99	13.49	97	17.08	208	29.79
认知指数	2.9288		3.1987		2.38		2.1076		1.692		2.9818		2.5707		1.8504		1.3957	

资料来源：马燕和马丽，2008

第三节　医疗设施与就医行为

一、居民就医行为

1. 居民就医行为特征

居民就医行为特征指居民就医频次、就医距离和就医交通工具三个方面。

（1）就医频次

调查居民中不去医院看病者较多（占 23.55%），说明调查者身体状况良好，去医院看病就医频次以 1~2 次/年居多，比例为 44.28%；3~5 次/年者次之，比例为 18.30%；就医频次在 20 次/年以上的居民很少，比例不足 2%（表 5-5）。

表 5-5　居民就医频次

频率（次/年）	人数（人）	百分比（%）
不去医院	175	23.55
0~1	37	4.98
1~2	329	44.28
3~5	136	18.30
6~10	43	5.79
11~20	13	1.75
21~50	9	1.21
50 以上	1	0.13

（2）就医距离

1001~3000 米就医距离人员比例最高，为 39.57%；3001~5000 米和 5000 米以外就医距离人员比例次之，分别为 21.27% 和 18.57%；1000 米以内就医距离人员比例较少，说明调查社区及其周边地区医疗设施不完善，居民就医距离以中长距离为主（表 5-6）。

表 5-6　居民就医距离

距离	人数（人）	百分比（%）
300 米以内	54	7.27
301~1000 米	99	13.32
1001~3000 米	294	39.57
3001~5000 米	158	21.27
5000 米以外	138	18.57

（3）就医交通工具

以公交车和步行为主，比例分别为 49.13% 和 32.97%；靠出租车和私家车出行比例较低，比例不足10％；其余交通方式，如面包车、自行车和其他所占比例总和接近10％，分别为3.10％、0.13％、5.25％（表5-7）。

表5-7　居民就医交通工具

交通工具	人数（人）	百分比（％）
步行	245	32.97
出租车	15	2.02
公交车	365	49.13
面包车	23	3.10
私家车	55	7.40
自行车	1	0.13
其他	39	5.25

2. 居民就医行为选择规律

居民就医行为选择规律，以调查居民就医医院选择为目标展开。调查社区居民就医医院均衡分布在乌鲁木齐市整个市域范围内，医疗市场整体情况供不应求。社区居民在医院类型选择上以大型、中型医院为主，多数为三甲医院，市民比较看重大医院的医疗水平。调查过程中，居民反映即便部分大型医院收费门槛高，就医等待时间长，但考虑到就医效果好，多数居民都愿为此付出时间和金钱成本。居民就医医院选择上：区人民医院就医选择比例最高，为46.84％；区中医院比例为7.40％；电厂职工医院因调查的红雁池东社区位于国电新疆红雁池发电有限公司附近，因此居民选择去此就医比例也比较高，为7.27％；另外，各调查社区内的小区门诊选择就医的人员比例也比较高，为7.27％；其他专科型医院如肿瘤医院、儿童医院、结核病医院和煤矿医院等居民就医选择较少（表5-8）。

表5-8　居民就医医院选择

医院	人数（人）	百分比（％）	医院	人数（人）	百分比（％）
新疆维吾尔自治区人民医院	348	46.84	乌鲁木齐市第三人民医院	17	2.29
新疆维吾尔自治区中医医院	55	7.40	新疆红雁池电厂卫生所	17	2.29
新疆红雁池发电厂职工医院	54	7.27	乌鲁木齐民族医院	16	2.15
小区门诊	54	7.27	乌鲁木齐市友谊医院	14	1.88
新疆医科大学临床医学院暨第一附属医院	47	6.33	乌鲁木齐军区总医院	14	1.88
职工医院	27	3.63	新疆维吾尔自治区第二济困医院	6	0.81
社区卫生服务站	23	3.10	乌鲁木齐市妇幼保健院	6	0.81

续表

医院	人数（人）	百分比（%）	医院	人数（人）	百分比（%）
新疆心脑血管病医院	4	0.54	新疆维吾尔自治区肿瘤医院暨新疆医科大学附属肿瘤医院	2	0.27
乌鲁木齐市天山区张春诊所	4	0.54	乌鲁木齐市第一人民医院（乌鲁木齐儿童医院）	2	0.27
乌鲁木齐市残疾人联合会博爱医院	3	0.41	新疆八一钢铁集团有限责任公司职工医院	1	0.13
新疆维吾尔自治区建工医院	3	0.41	104团西山医院	1	0.13
新疆师范大学医院	3	0.41	新疆维吾尔自治区胸科医院	1	0.13
乌鲁木齐县人民医院	3	0.41	中国人民解放军第四七四医院（空军医院）	1	0.13
新疆生产建设兵团医院	2	0.27	新疆煤矿总医院	1	0.13
新疆医科大学第五附属医院	2	0.27	民康医院	1	0.13
新疆维吾尔自治区卫生防疫站	2	0.27	新疆生产建设兵团第十二师医院	1	0.13
继勋诊所	2	0.27	新疆医科大学第五附属医院	1	0.13
乌鲁木齐明德医院	2	0.27	乌鲁木齐邮电医院	1	0.13
新疆华泰医院	2	0.27			

居民就医行为选择受到周边医疗设施服务水平和居民自身就医行为而要解决的病情等多方面因素的影响。调查得出的居民就医医院选择表是几个典型案例社区居民就医选择的一个倾向性结果，政府和社区管理人员可以就此展开更深入细致的调查研究，规划好医疗设施的数量和空间布局结构，以便于居民就医。

二、医疗设施空间缓冲区分析

1. 社区内部医疗设施空间缓冲区分析

社区内部医疗设施包含社区小诊所、门诊和社区医疗服务中心等设施。根据医疗设施的数量和区位，按照服务半径 $R=50$ 米划分四个层次（核心服务半径：$R=50$ 米，次级服务半径：$R=100$ 米，三级服务半径：$R=150$ 米，外围服务半径：$R=200$ 米）对社区内部医疗设施进行研究，基于GIS技术，通过缓冲区分析发现社区内部医疗点配给数量与其能为居民提供服务的辐射范围较为合理，基本100%全覆盖。医疗设施沿主出入口附近分布，方便社区居民就医看病（图5-13）。

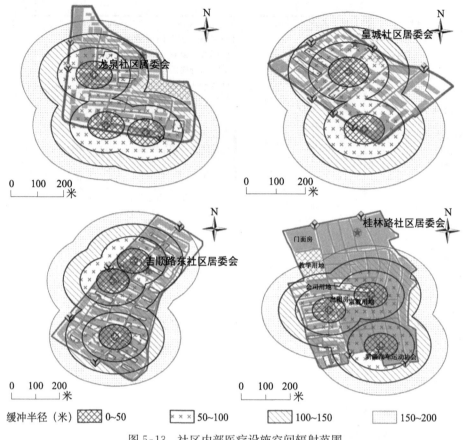

缓冲半径（米）▨ 0~50   ⊠ 50~100   ▧ 100~150   ▨ 150~200

图 5-13　社区内部医疗设施空间辐射范围

2. 社区外部医疗设施空间缓冲区分析

社区外部医疗设施以 $R=100$ 米的缓冲半径，分三个层次（核心辐射区：$R=100$ 米，次级辐射区：$R=200$ 米，外围辐射区：$R=300$ 米）进行研究。龙泉社区外部设施包括乌鲁木齐市口腔医院、乌鲁木齐西河坝中西医门诊部、乌鲁木齐康桥医院、龙泉社区门诊部、乌鲁木齐市中医院、新疆维吾尔自治区人民医院 6 家；皇城社区外部医疗设施包括爱西博维吾尔门诊部、新疆维吾尔自治区残疾人联合会博爱医院、卡麦尔诊所、后泉路社区卫生站、民族诊所和乌鲁木齐市雅蓝妇幼医院等 7 家；吉顺路东社区外部医疗设施包括天山区古丽拜尔诊所、综合门诊和赵医生诊所 3 家；桂林路社区外部医疗设施包括新疆维吾尔自治区肿瘤医院暨新疆医科大学附属肿瘤医院、马忠精诊所、乌鲁木齐市新市区殿国口腔诊所、惠兰西医诊所、家纯口腔专科门诊、乌鲁木齐市新市区可丽可心美容养生、李君中西医门诊、新疆心脑血管病医院、自然美美容美体中心、高新街社区卫生服务中心、新疆生产建设兵团第十二师医院和康丽口腔门诊 12 家。四个案例社区外部医疗设施的空间辐射范围和缓冲区分析结果如图 5-14～图 5-17 所示。

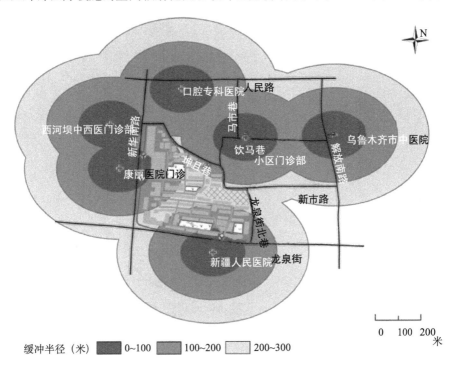

缓冲半径（米）　 0~100　 100~200　 200~300

图 5-14　龙泉社区外部医疗设施空间辐射范围

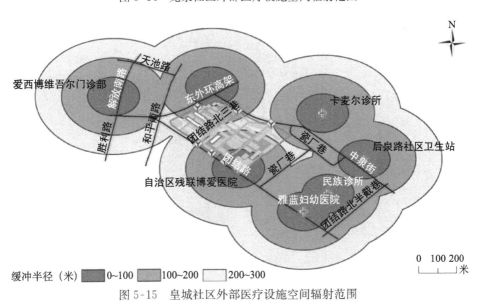

缓冲半径（米）　 0~100　 100~200　 200~300

图 5-15　皇城社区外部医疗设施空间辐射范围

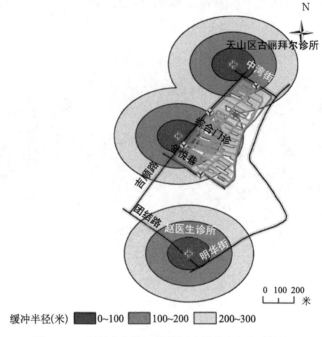

图 5-16 吉顺路东社区外部医疗设施空间辐射范围

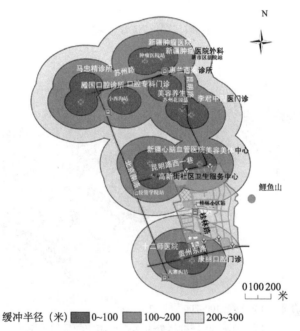

图 5-17 桂林路社区外部医疗设施空间辐射范围

三、医疗设施对居民就医行为的影响

医疗设施对居民就医行为的影响包含两个方面：社区内部医疗设施和社区外部医疗设施。

社区内部医疗设施主要依托其便利的可达性和医疗设施的尽可能全面性帮助居民解决日常生活中类似于头疼、发热等小病的救治和康复，每个社区内部除了社区医疗服务中心外，也零散分布有类似于私人诊所的医疗服务站，对居民的直接就医行为产生了重要的影响。社区内部医疗点配给数量与其能为居民提供服务的辐射范围较为合理，基本100％全覆盖。

社区外部医疗设施主要依托其完善的医疗设施条件和医疗服务水平，能够吸引其周围中远距离范围内的患者来就医，特别是三甲医院，能够对居民的就医行为产生决定性影响。好的医疗设施能够使患者不惜花费时间和金钱，远道而来并默默等候，四个典型案例社区中，龙泉社区和桂林路社区周边外部医疗设施条件最好，社区也基本实现100％全覆盖，因此居民就医行为在就医距离和工具选择上以500米为半径，步行就医。吉顺路东社区外部医疗设施条件较弱，居民就医要远赴中心城区，就医行为在就医距离和工具选择上以3000米为半径，乘公交车就医。因此，城市管理者和社区建设者应注重规划好医疗设施的数量和空间布局结构，以便于居民就医。

第四节　教育设施与子女受教育行为

一、居民子女受教育行为

1. 居民子女受教育行为特征

居民子女受教育行为特征包含居民子女受教育距离和子女受教育交通工具两个方面。

（1）子女受教育距离

3000～5000米受教育距离比例最高，为37.74％；其次为1001～3000米和301～1000米受教育距离，分别为22.26％和21.61％；300米以内受教育距离比例最低，仅为3.55％。说明教育设施一般在高于社区尺度的层面进行规划、布局和建设，居民子女受教育距离以中长距离为主（表5-9）。

表 5-9 居民子女受教育距离

距离	人数（人）	百分比（%）
300 米以内	11	3.55
301～1000 米	67	21.61
1001～3000 米	69	22.26
3001～5000 米	117	37.74
5000 米以外	46	14.84

（2）子女受教育交通工具

以步行和公交车为主，比例分别为 19.92% 和 18.30%；靠私家车出行比例较低，为 2.02%；其余交通方式，如巴士、单位车、火车和校车所占比例总和不足 1%，分别为 0.13%、0.13%、0.13%、0.54%（表 5-10）。

表 5-10 居民子女受教育交通工具

距离	频率（次）	百分比（%）
巴士	1	0.13
步行	148	19.92
单位车	1	0.13
公交车	136	18.30
火车	1	0.13
面包车	11	1.48
私家车	15	2.02
校车	4	0.54
其他	426	57.34

2. 居民子女受教育行为选择规律

居民子女受教育行为选择规律，以调查居民子女所就读学校选择为目标展开。调查社区居民子女受教育学校基本涵盖了乌鲁木齐市所有著名中小学校。社区居民子女在就读学校类型选择上小学和初中为主，说明调查者年龄接近中年，其子女多处于青少年时期，居民送子女入学，完全打破了学区范围的概念，为了下一代更好的发展，父母均想办法送子女去相对更好的学校就读学习。各学校选择人员比例较为均衡，比较分散，选择第 19 小学和第 24 小学的人数较高。其他接受高等级教育的人员也占一定比例，如财经类、医学类、美术类和医学类均有分布（表 5-11）。

表 5-11　乌鲁木齐市调查社区居民子女受教育学校选择

学校	人数（人）	学校	人数（人）	学校	人数（人）	学校	人数（人）	学校	人数（人）
第 9 小学	2	第 38 中学	5	第 9 小学	7	昌吉学院	1	第 70 中学	1
第 10 小学	3	第 39 小学	1	第 9 中学	1	昌乐园幼儿园	2	五一农场的学校	1
第 11 小学	1	第 40 小学	3	八一农科院	1	长沙医科大学	1	西北路护学院	1
第 11 中学	1	第 43 小学	17	兵团一中	2	大湾幼儿园	1	新大附中	2
第 12 小学	2	第 44 小学	3	第 1 小学	1	兰州大学	1	新疆财经大学	1
第 14 中学	1	第 44 中学	7	第 59 小学	1	米泉 1 中	1	新疆大学	9
第 16 中学	16	第 4 中学	2	第二幼小	2	青少年宫	1	新疆广播电视大学	1
第 19 小学	21	第 52 中学	2	第 7 小学	2	第 3 中学	3	新疆美术学院	1
第 19 中学	4	第 54 中学	2	第 7 中学	1	商务厅幼儿园	5	新疆农业大学	1
第 20 小学	5	第 56 小学	1	第 15 小学	2	师大附中	1	新疆师范大学	3
第 20 中学	2	第 56 中学	2	第 5 小学	8	石河子大学	1	新疆职业技术学院	1
第 23 中学	5	第 5 中学	7	第 1 中学	4	市公安警校	1	新疆医学院	1
第 24 小学	27	第 62 小学	4	高级中学	1	市商校	1	新疆艺术学院	1
第 2 中学	7	第 65 小学	11	和田 2 中	1	市商业学校	1	雪莲小学	2
第 30 中学	1	第 6 中学	8	华兵中学	1	市实验中学	2	伊犁师范大学	2
第 33 小学	11	第 72 小学	6	火炬高中	1	市职业大学	2	医学院附小	1
第 34 中学	1	第 73 中学	1	金剑桥小学	3	四团子女学校	1	艺术学院	1
第 36 小学	5	第 74 小学	3	喀什师范学院	1	天天乐幼儿园	3	幼儿园	2
第 36 中学	8	第 78 中学	1	客运公司托儿所	1	铁路运输学校	1	砖石幼儿园	1

二、教育设施空间缓冲区分析

社区外部教育设施以 $R=100$ 米的缓冲半径，分三个层次（核心辐射区：$R=100$ 米，次级辐射区：$R=200$ 米，外围辐射区：$R=300$ 米）。龙泉社区外部教育设施包括：社区外部教育设施以 $R=100$ 米的缓冲半径，分三个层次（核心辐射区：$R=100$ 米，次级辐射区：$R=200$ 米，外围辐射区：$R=300$ 米）。龙泉社区外部教育设施包括：乌鲁木齐市天琴职业技能培训学校、乌鲁木齐商业厅幼儿园、乌鲁木齐市第 38 中学、北京 101 网校（乌鲁木齐）4 所；皇城社区外部教育设施包括：乌鲁木齐市第 19 小学、新疆文化艺术学校、乌鲁木齐市高级中学、乌鲁木齐市第二幼儿园等 5 所；吉顺路东社区外部教育设施包括：母亲之家幼儿园、晨星幼儿园、乌鲁木齐大湾育人学校和新疆体育运动职业技术学院 4 所；桂林路社区外部教育设施包括：乌鲁木齐市第 9 中学、新疆维吾尔自治区肿瘤防治研究所、乌鲁木齐市第 54 中学、新疆天籁音乐学院、乌鲁木齐市第 36 小学、乌鲁木齐市第 60 小学、新疆社会科学研究院、新疆兵团农业技术培训中心、砖石幼儿园、浩翔第一幼儿园等 11 所。四个案例社区外部教育设施的空间辐射范围和缓冲区分析结果如图 5-18～图 5-21 所示。

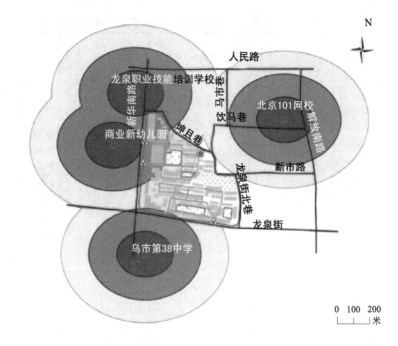

图 5-18　龙泉社区外部教育设施空间辐射范围

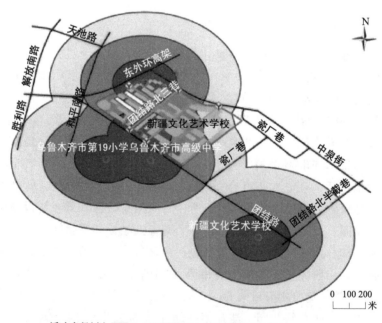

图 5-19　皇城社区外部教育设施空间辐射范围

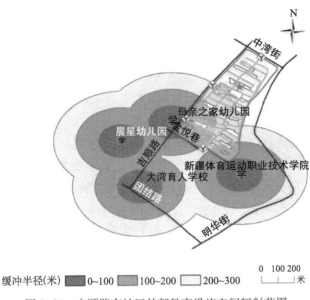

图 5-20　吉顺路东社区外部教育设施空间辐射范围

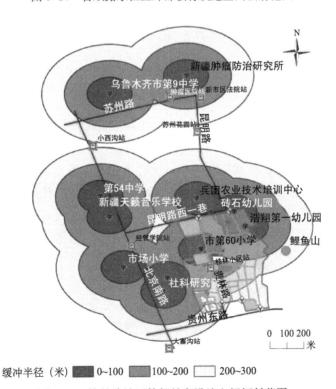

图 5-21　桂林路社区外部教育设施空间辐射范围

三、教育设施对居民子女受教育行为的影响

居民子女受教育行为直接受影响于教育设施在社区周边的分布，以及居民对子女人生发展的预期规划等方面。其中，教育设施在更大范围内的合理分布及便捷的交通条件，对居民子女受教育行为具有决定性影响。

居民子女受教育行为在距离上以中长距离为主，交通方式上以选择步行和乘公交车相结合，在学校选择上较为分散，几乎乌鲁木齐市所有重点中小学校都有涉及。因此，教育设施对居民子女受教育行为的影响主要体现在教育设施的空间结构分布，以及学校本身的硬件设施和学校本身的教学质量水平上。合理的教育设施空间布局结构，学前教育、中小学教育、高等教育和辅导培训机构的合理搭配，有利于集聚效应的发挥；同时，学校软硬教学条件，能够吸引更多的学生前来求学发展，因为对于居民来说：子女受教育行为是项不惜花费时间和金钱成本的投入。良好的教育设施条件更利于居民子女的健康成长和成才，以及居民子女受教育行为的高效、便捷。

第五节 宗教设施与清真寺礼拜行为

一、居民清真寺礼拜行为

《古兰经》要求穆斯林每日要做五次礼拜：日出前、正午后、下午时、日落前和进入夜晚。古代在无时钟的情形下，很难准确把握统一的时间，因此在清真寺外建有宣礼塔，每到礼拜时间，就有唤礼者在塔上大声呼唤。有的大清真寺四周有许多宣礼塔，一般为四个，朝着四方。由于时代发展，当今的清真寺顶部都装有扩音器，时间安排上也有了准确的计时工具，礼拜行为的发生较为规律。本节所讨论的礼拜行为指周五去清真寺聚会的礼拜行为。

1. 居民清真寺礼拜行为特征

礼拜的行为特征包括礼拜频率、频次和交通方式三个方面。

（1）礼拜频率

通过调查得知，随着生活节奏的加快，穆斯林居民生活方式已经发生了转变，没有更多闲暇的时间去参加宗教活动，因此多数城市穆斯林居民不再去清真寺礼拜，比例为 63%；常去礼拜人员比例为 26.2%；偶尔去礼拜人员比例为 9.9%；经常去礼拜人员比例不到 1%。

（2）礼拜频次

去清真寺礼拜的人员中，4次/月即每周都去的人员比例最高为80.8%；1次/月、2次/月、3次/月的人员较少，比例分别为4.8%、2.9%、3.8%（表5-12）。

表5-12　礼拜频次

频率（次/月）	人数（人）	百分比（%）	累积百分比（%）
0.2	8	7.7	7.7
1	5	4.8	12.5
2	3	2.9	15.4
3	4	3.8	19.2
4	84	80.8	100.0

（3）礼拜交通方式

去清真寺礼拜的人员中，多以步行为主，比例为59.6%；其余交通方式，如公交车、面的、面包车和私家车人员比例较为均衡，比例分别为17.3%、5.7%、8.7%、8.7%（表5-13）。

表5-13　礼拜交通方式选择

交通工具	人数（人）	百分比（%）	累积百分比（%）
步行	62	59.6	59.6
公交车	18	17.3	76.9
面包车	6	5.7	82.6
面的	9	8.7	91.3
私家车	9	8.7	100.0

2. 居民清真寺礼拜行为选择

居民清真寺礼拜行为的发生受宗教设施分布的影响，这里探讨的礼拜行为的选择指居民选择清真寺的调查结果。

通过调查，居民在清真寺选择上以光明清真寺、电厂清真寺、基地清真寺为主（比例分别为33.3%、24.2%和15.2%），在其余清真寺选择上均较少，为调查者根据平时习惯而定（表5-14）。

表5-14　礼拜清真寺的选择

清真寺名称	频率（次/月）	百分比（%）	累积百分比（%）	清真寺名称	频率（次/月）	百分比（%）	累积百分比（%）
八户梁清真寺	2	3.0	3.0	基地清真寺	10	15.2	86.4
八家户清真寺	2	3.0	6.0	清真大寺	1	1.5	87.9
电厂清真寺	16	24.2	30.3	十七户清真寺	1	1.5	89.4
二工清真寺	2	3.0	33.3	乌拉泊哈族寺	1	1.5	90.9
古墓清真寺	1	1.5	34.8	乌拉泊清真寺	1	1.5	92.4
光明清真寺	22	33.3	68.2	物流园清真寺	1	1.5	93.9
汗腾格里寺	1	1.5	69.7	西河坝寺	1	1.5	95.5
回族清真寺	1	1.5	71.2	延安路清真寺	3	4.5	100.0

二、宗教设施空间缓冲区分析

宗教设施的空间缓冲区分析，仅就龙泉社区和皇城社区展开。以 $R=100$ 米的缓冲半径，分三个层次（核心辐射区：$R=100$ 米，次级辐射区：$R=200$ 米，外围辐射区：$R=300$ 米），对两个社区周边的汗腾格里大寺、西大寺、坤其买力清真寺、西河坝清真寺、陕西老坊寺、山西巷清真寺、巴里坤寺、南大寺、宁固大寺和二道桥清真寺 10 个宗教设施空间辐射范围进行缓冲区分析（图 5-22，图 5-23）。通过缓冲分析，龙泉社区外部宗教设施基本能全覆盖整个社区居民的宗教礼拜行为；而皇城社区外部宗教设施分布呈远角效应，依托便利的交通和区位集聚效应，能满足社区居民清真寺礼拜的行为。

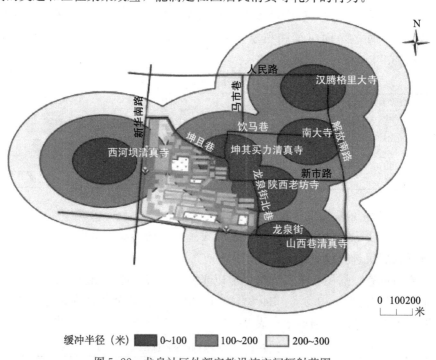

缓冲半径（米）■ 0~100　■ 100~200　□ 200~300

图 5-22　龙泉社区外部宗教设施空间辐射范围

三、宗教设施对居民清真寺礼拜行为的影响

居民清真寺礼拜行为的发生直接受影响于居民内心的宗教信仰和周围宗教设施的分布，其中宗教设施的合理分布，对居民清真寺礼拜行为具有决定性影响。

社区外部宗教设施空间分布较为合理，且在社区的主出入口附近有很好的可介入性，为居民清真寺礼拜提供了便利。但随着经济、社会的飞速发展，居

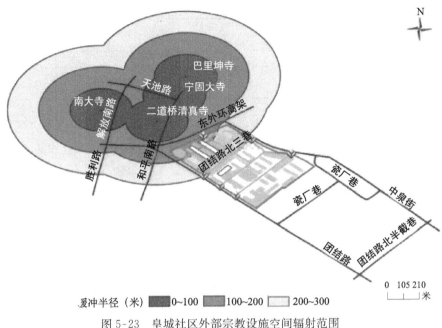

图 5-23　皇城社区外部宗教设施空间辐射范围

民参与清真寺礼拜的行为在逐渐淡化，因此，未来宗教设施应该趋于集聚发展，零散的清真寺应做出调整，使宗教设施的等级结构更加合理，使其对居民清真寺礼拜行为产生决定性的影响。

第六节　市政道路设施与居民通勤行为

一、居民通勤行为

本节探讨的居民通勤行为包含通勤距离、通勤交通工具和通勤时间三个方面的特征。

通勤距离：主要通过六个层次进行统计，3001～5000 米通勤距离人员比例最高，为 40.11%；1001～3000 米和 200 米以内通勤距离人员比例次之，分别为 19.25% 和 15.88%；其余为 201～500 米、501～1000 米和 5000 米以外三个层次，比例分别为 8.07%、6.46%、10.23%（表 5-15）。

表 5-15　通勤距离

距离	频率（次）	百分比（%）
200 米以内	118	15.88
201～500 米	60	8.07

续表

距离	频率（次）	百分比（%）
501～1000 米	48	6.46
1001～3000 米	143	19.25
3001～5000 米	298	40.11
5000 米以外	76	10.23

居民通勤行为以中长距离为主，主要为购物、上班和休闲娱乐等。购物主要涉及高等级商品的购买；上班除了单位大院型社区居民上班距离较近外（200 米以内的通勤距离主要为此类），其余居民工作地和居住地较远；休闲娱乐主要去市级公园广场。

通勤交通工具：以步行和公交车为主，比例分别为 36.61% 和 21.26%；靠私家车和单位车出行比例较低，分别为 5.79% 和 2.42%；其余交通方式，如摩托车、自行车和其他所占比例分别为 0.54%、1.75%、31.63%（表 5-16）。

表 5-16　通勤交通工具

交通工具	频率（次）	百分比（%）
步行	272	36.61
单位车	18	2.42
公交车	158	21.26
摩托车	4	0.54
私家车	43	5.79
自行车	13	1.75
其他	235	31.63

通勤时间：不足 10 分钟比例最高，为 31.63%；通勤时间上耗时越长比例越低，10～20 分钟、20～30 分钟、30～60 分钟、1 小时以上比例逐渐降低，分别为 16.55%、12.11%、4.04%、3.23%，其他所占比例为 32.44%（表 5-17）。

表 5-17　通勤时间

时间	频率（次）	百分比（%）
不足 10 分钟	235	31.63
10～20 分钟	123	16.55
20～30 分钟	90	12.11
30～60 分钟	30	4.04
1 小时以上	24	3.23
其他	241	32.44

二、市政道路设施空间缓冲区分析

市政道路设施包含两个组成部分，市政设施和道路设施。市政设施主要指社区周边的公交站点设施；道路设施主要指社区周边的主干道和社区内部的次干道道路设施。社区周边主干道以 $R=25$ 米的缓冲半径进行辐射能力分析，社区内部次干道以 $R=10$ 米的缓冲半径进行辐射能力分析。龙泉社区在主出入口附近分布有 7 个公交站点，社区周边被新华南路、龙泉街、龙泉街北巷和坤且巷包围，远角拥有人民路、解放南路、马市巷、饮马巷和新市路等主干道道路设施；皇城社区在主出入口附近分布有 4 个公交站点，社区周边被东外环高架、团结路和瓷厂巷包围，远角拥有胜利路、解放南路、天池路、和平南路、中泉街和团结路北半截巷等主干道道路设施；吉顺路东社区在主出入口附近分布有 5 个公交站点，社区周边被中湾街、明华街、吉顺路和金悦巷包围，远角拥有团结路主干道道路设施；桂林路社区在主出入口附近分布有 7 个公交站点，社区周边被昆明路西一巷、桂林路和贵州东路包围，远角拥有北京南路、苏州路和昆明路等主干道道路设施。

　　通过缓冲区分析，四个典型案例社区道路设施空间辐射能力均较强，能够为社区居民的通勤行为提供便利（图 5-24～图 5-27）。

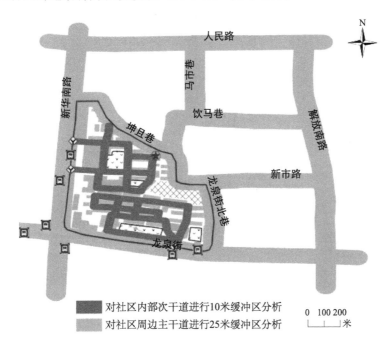

图 5-24　龙泉社区道路设施空间辐射范围

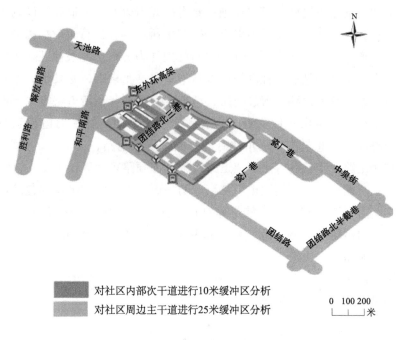

图 5-25　皇城社区道路设施空间辐射范围

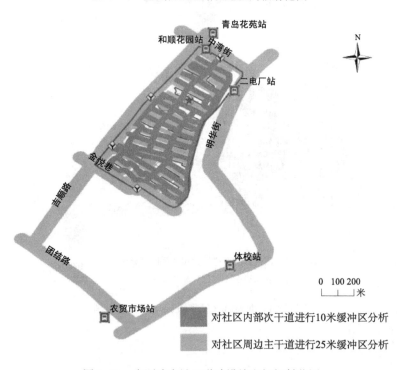

图 5-26　吉顺路东社区道路设施空间辐射范围

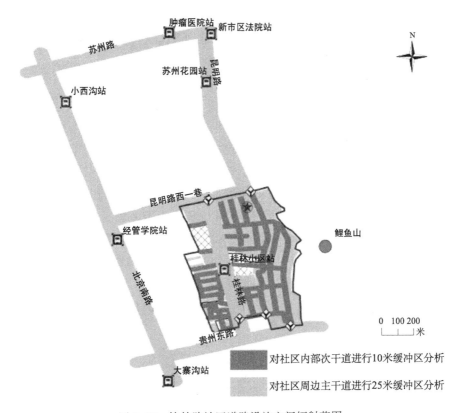

图 5-27　桂林路社区道路设施空间辐射范围

三、市政道路设施对居民通勤行为的影响

市政道路设施是居民日常行为的基础，居民的购物、就医、子女受教育和通勤等行为都受其影响，宽敞的道路设施和便利的市政公交站点能为居民的出行提供便利，带来高品质的生活质量。由于居民通勤行为在距离上以中长距离为主，交通工具上主要选择步行和乘公交车（包含 BRT），通勤时间上要求短耗时，因此市政道路设施对居民通勤行为（主要为上班通勤行为）的影响，主要表现在：龙泉社区市政道路设施较为完善合理，依托远角优势，在社区主出入口附近拥有众多的公交站点，方便社区居民外出通勤；皇城社区由于东外环高架的阻隔，对外沟通能力相对较差，但依靠远角二道桥国际大巴扎的市政道路设施，为居民通勤行为提供了便利；吉顺路东社区为商品楼盘型社区，位于乌鲁木齐市南郊，后期开发建设力度不足，市政道路设施不够完善，居民的通勤行为受到了很大程度的影响，好在该社区居民以高收入阶层为主，私家车的高频率使用是居民通勤行为的特色；桂林路社区依托高新技术开发区（新市

区）区政府办公场所的区位优势，凭借北京路和苏州路的市政道路条件，居民通勤通过 BRT 能很好地得到实现，居民在通勤方式选择上以公交车出行为主。

第七节　社区公共服务设施空间布局模式

在乌鲁木齐市级公共服务设施辐射范围上，在 2～5 千米范围内分布大量直接受其影响的社区，只有对少数城郊边缘型的社区其辐射范围能够到达 5～10 千米，且市级公共服务设施大多处于"远角"区位（主要干道交叉的拐角处），具有较强的可视性和使用上的便捷性。而对于社区级的公共服务设施大多分布于居民居住地 0～2 千米范围内，或位于社区居民 20～30 分钟步行范围圈内，便于居民使用。基于此，社区公共服务设施的空间微观布局呈现线形、"T"形和"十"字形三种布局模式。调查典型案例社区中：单位大院型社区（C1）设施布局模式为"十"字形，商品楼盘型社区（C3）设施布局模式为线形，传统街坊型社区（C2）和流动人口型社区（C6）设施布局模式为"T"形。

一、线形布局模式

线形布局模式的特点是：核心场所在靠近社区主出入口附近布局，类型为购物类，以超市为主，形成引力区，休息娱乐设施、餐饮等商业服务设施依附在周围，空间上核心集聚；社区次出入口附近，以小商店、小餐馆为主，空间上形成次级集聚；服务类场所空间上分散布局（图 5-28）。

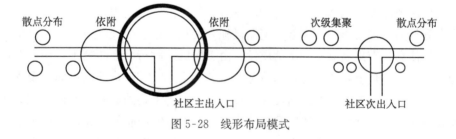

图 5-28　线形布局模式

二、"T"形布局模式

由于该类型社区靠近市级商业中心或政治、经济中心，其特点是：核心场所设施位于社区的远角（"T"形的顶端）布局，类型为休息娱乐类、医疗就医类和购物类，并以公园绿地、购物商场、医院等形成综合引力区，其余设施依附在其周边布局；通过"T"的"1"线（一般为道路）连接至社区，便于居民使用（图 5-29）。

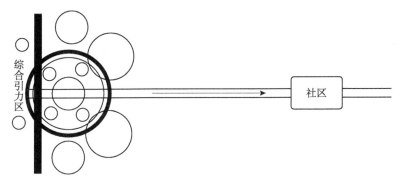

图 5-29 "T"形布局模式

三、"十"字形布局模式

该类型社区布局的特点是：核心场所位于最佳区位，体现商业微区位理论中的远角布局特点，具有较好的区位可视性和便民性，场所类型以购物类的社区超市、商场为主，并吸引娱乐休闲、服务类场所依附在周围，空间上核心集聚；"十"字形核心集聚区位于社区中心附近，在更接近社区中心的其他入口附近形成休闲、娱乐、医疗类场所的同类集聚；其他服务类场所空间上分散布局（图 5-30）。

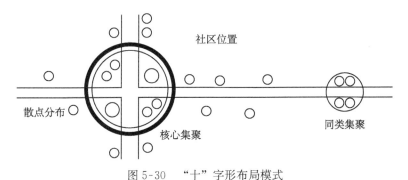

图 5-30 "十"字形布局模式

第六章　乌鲁木齐社区居民邻里交往

邻里是构成城市社会内部的基础，和谐的邻里关系是和谐社区建设的重要内容，是构建和谐社会的基础。城市居住空间的多样性与各种不同类型居民的生活及交往行为的方式有关（王兴中，2000）。良好的邻里关系意味着社区居民之间的熟悉、信任、互助和团结，邻里关系是社区凝聚力最主要的标志（蔡禾和贺霞旭，2014）。城市居民也利用邻里关系进行社会交往和获得各种社会支持（陈福平和黎熙元，2008）。本章在第五章的研究基础上，通过问卷调查和深度访谈，分析社区居民"人与人的行为"即邻里交往及其影响因素，并提出构建和谐邻里关系的对策建议。

第一节　邻里交往与邻里关系

一、邻里交往

邻里是在社会学中指同一社区内彼此相邻的住户自然形成的初级群体，其成员以地缘相结合，具有互动频率高，共同隶属感强的特点，构成了人与人之间的一种血缘与地缘交错的社会关系（夏征农和陈至立，2010）。"邻里"是由在地域上相互靠近、友好往来的亲戚朋友关系而逐步形成的守望相助共同生活的小群体（Kevin，1960），具有以下两重特征：表达社区居民居住的邻近性；表达一种特殊的社会关系，即由居住地域的邻近性及接触而产生的邻里交往关系。因此，邻里是以地缘关系为基础，在日常生活互动过程中逐渐形成的社会群体。

邻里交往表现为很多的接触形式，建筑师盖尔（J. Gehl）据亲密程度的不同归纳了视听、打招呼、交谈、互助及从事同一项活动等不同强度的邻里交往接触形式（扬·盖尔，2002）。邻里交往正是典型的社会性活动，邻里的交往多发生于户外。

二、邻里关系

邻里关系是社区最基本的人际关系，反映社区居民的精神面貌及对社区的认同感和归属感（邢晓明，2007）。每个人在社会关系中都扮演着不同的角色，在相应的团体中有适当的位置，并与团体其他成员发生联系，从事社会活动，遵守社会法则。人际关系在种类上可分为亲缘关系、地缘关系、业缘关系、类缘关系和机缘关系五类。现代住区的人际关系与传统居住空间以亲缘、业缘为交往纽带的人际关系不同，已经演变为类缘、机缘的人际纽带关系。邻里关系是典型的地缘关系。中国城市邻里关系有四种邻里关系类型：①传统街坊式邻里关系；②单位家属院式邻里关系；③陌路型邻里关系；④新睦型邻里关系（张学东，2007）。中国传统邻里关系弱化是受城市空间转变、建筑空间的窄化、网络技术的提高、人际网络的多样化、社会转型、初级群体衰落等因素影响（邢晓明，2007；杨卡，2010）。

据 2011 年 11 月 22 日《中国青年报》社会调查中心通过民意中国网和搜狐新闻中心，对 4509 人进行的调查显示①：40.6％的人不熟悉自己的邻居，其中 12.7％的人"根本不认识"自己的邻居。拥有住房产权和不拥有住房产权的人群差较大，租房住的人群中不熟悉邻居的比例为 58.0％，高于拥有住房产权（39.5％）和住宿舍（23.9％）的人群；生活在城市的人群不熟悉邻居的比例为 45.1％，高于县镇（29.0％）和农村（11.8％）。

孙龙和雷弢对 2006 年北京城区居民的邻里关系调查表明：邻里之间日常互动的频率相对比较低，而拥有住房产权和不拥有住房产权的居民之间，北京出生和外地出生的居民之间，楼房和平房居民之间在邻里交往方面存在一定的差异性（孙龙和雷弢，2007）。尽管北京城区调查居民的居住格局发生了很大的变化，邻里之间仍然存在守望相助这一非常重要的日常的社会支持功能。

由于社会转型，社区居民逐渐脱离原来的熟人社会形态，原来的信任格局改变，人际信任下降。中国社会科学院社会学研究所的社会心态蓝皮书课题组对北京、上海、郑州、武汉、广州等 7 个城市的 1900 多名居民进行调查访问的结果显示，人与人之间的信任度下降，超过七成的人不敢相信陌生人（王俊秀，2013）。但城市社区邻里关系的变化并不意味着邻里交往的消失（李国庆，2007）。

第二节　乌鲁木齐居民邻里交往

一、交往频率

邻里交往活动频率及其交往内容，能够直观反映出社区居民邻里交往状况。调查分析显示（表 6-1）：居民在交往频率上以经常交往为主，比例为

---

① 韩妹 . 80.9％的人感觉邻里关系越来越冷漠 . http：//zqb. cyol. com/html/2011 - 11/22/nw. D110000zgqnb _ 20111122 _ 3-07. htm。

62.5%，从不与邻居交往的比例很小，仅为 2.9%；居民交往内容以见面打声招呼和在住处附近聊天两种方式为主，调查对象中居民与邻居互借（送）东西、一同出行者较少。其中，有 29.7% 的居民经常或偶尔跟邻居在住处附近聊天，27.8% 的居民与邻居见面互相打招呼，但是能够常常到彼此家坐坐的居民只有 16%，至于一同出行（上班、购物等）的比例则更少，仅占 2.8%。为数不少的居民与邻居很少聊天、互访或借用东西。所以居民对邻里的认识与熟悉也往往停留在知道姓名、见面打声招呼。

表 6-1　居民与邻居交往活动频率表　　　　　　　　　　　　　单位：%

交往活动频率	交往内容					合计
	见面打声招呼	互借（送）东西	在住处附近聊天	到彼此家坐坐	一同出行（上班、购物等）	
经常	16.8	5.2	24.2	14.4	1.9	62.5
偶尔	11.0	1.4	5.5	1.6	0.9	20.4
很少	9.1	0.5	3.0	1.2	0.5	14.2
从不	2.4	0.1	0.1	0.1	0.2	2.9
合计	39.3	7.2	32.8	17.3	3.5	100.0

　　居民房屋住宅类型与邻里互动频率之间的交互统计结果显示（表 6-2）：居住在平房和自建低层住宅的居民邻里互动频数明显高于多层住宅与高层住宅的居民。调查数据显示：活动频率 1～2 次/周的居民比例最高，达 45.76%，从不往来的居民比例最低仅占 7.81%，其中平房和自建低层住宅居民邻里互动频次最高，说明在当今社会快速发展的过程中，以农村型居住方式为基础演变形成的社区，居民保留了原有农村居民经常串门聊天的习惯，而当今商品房居住单元的居民，邻里关系熟识度低，有的居民甚至生活多年，对邻居都不了解，调查中高层住宅居民从来不与邻居往来比例为 13.79%。

表 6-2　住宅类型与邻里互动频数的交互统计

住宅类型	互动频率					人数（人）
	1～2次/周	1～2次/月	1～2次/半年	1～2次/年	从不往来	
平房	71.04	4.92	15.85	6.56	1.64	183
自建低层住宅	50.44	12.39	26.55	8.85	1.77	113
多层住宅	34.29	10.65	31.69	11.95	11.43	385
多层电梯住宅	0.00	0.00	100.00	0.00	0.00	1
高层住宅	34.48	6.90	27.59	17.24	13.79	58
其他	33.33	0.00	0.00	33.33	33.33	3
各住宅类型与邻里互动频数所占比例（%）	45.76	9.15	26.65	10.63	7.81	100

　　注：每种住宅类型的互动频率总和为 100%，合计部分为互动频数占总频数的比例

　　不同类型社区邻里交往频率和规模存在差异。7 个调查社区邻里交往调查表

明（表6-3）：交往频率由高到低的顺序是皇城社区（C2）＞龙泉社区（C1）＞大江社区（C7）＞吉顺路东社区（C3）＞长治路社区（C5）＞红雁池东社区（C4）＞桂林路社区（C6），即以维吾尔族聚居的传统街坊型社区C2邻里交往的频率最高，达148，占7个社区的19.9％；其次为单位大院型的社区C1邻里交往频率为138，占7个社区的18.6％；交往频次最低的是疆外流动人口型社区C6和城郊边缘型社区C4；疆内流动人口型社区C7、少数民族混居型社区C3和民族聚居型社区邻里交往相对较频繁。

表6-3　不同社区邻里交往规模交叉制表

经常性往来人数	C1		C2		C3		C4		C5		C6		C7		全部社区	
	F	P	F	P	F	P	F	P	F	P	F	P	F	P	F	P
0家	9	6.5	16	10.8	11	9.8	0	0.0	8	8.9	13	25.5	1	0.8	58	7.8
1家	21	15.2	16	10.8	13	11.6	1	1.2	12	13.3	7	13.7	9	7.4	79	10.6
2～3家	31	22.5	54	36.5	45	40.2	9	11.0	26	28.9	12	23.5	21	17.2	198	26.6
4家	17	12.3	13	8.8	12	10.7	8	9.8	8	8.9	4	7.8	6	4.9	68	9.2
4家以上	60	43.5	49	33.1	31	27.7	64	78.0	36	40.0	15	29.4	85	69.7	340	45.8
合计	138	100.0	148	100.0	112	100.0	82	100.0	90	100.0	51	99.9	122	100.0	743	100.0

注：F表示频数（frequency），P表示百分比（percentage）

本次调查从职业类型划分的居民邻里交往频次显示，乌鲁木齐67％以上不同职业的居民经常往来，从不往来的仅占3.7％（表6-4）。但是，居民不同职业的邻里交往频次存在较大差异。邻里经常往来的职业类型由高频率到低频率依次是军人、农民、其他、工人、服务/销售/商贸人员、企事业管理人员、离退休人员、公务员、科教文卫技术人员和学生；邻里偶尔往来的职业类型由高频率到低频率排序依次是学生、科教文卫技术人员、公务员、企事业管理人员、离退休人员、服务/销售/商贸人员、工人、其他、农民和军人。

表6-4　职业与交往频次交互表　　　　单位：％

职业类型	邻里交往频率				合计
	经常往来	偶尔往来	很少往来	从不往来	
公务员	42.1	33.3	22.8	1.8	7.7
企事业管理人员	47.2	26.4	26.4	0.0	7.1
科教文卫技术人员	39.5	37.2	20.9	2.3	5.8
服务/销售/商贸人员	51.7	22.5	19.2	6.6	20.3
工人	66.2	16.9	14.1	2.8	9.6
农民	82.8	6.9	10.3	0.0	3.9
军人	100.0	0.0	0.0	0.0	0.1
离退休人员	42.7	26.0	13.0	4.6	15.2
学生	28.6	42.9	28.6	0.0	0.9
其他	67.0	16.1	13.3	3.7	29.3

二、交往对象

不同社区居民与同事、同学和朋友等对象交往情况如表 6-5 所示：居民邻里交往对象调查中以朋友和亲戚交往比例最高，两者所占比例接近 50%。说明以血缘关系构建的纽带，是居民交往的基础。而部分社区出现同事（如 C3 吉顺路东社区，比例为 19.3%）、邻居（如红雁池东社区 C4，比例为 18.3%；桂林路社区 C6，比例为 24.3%）交往比例也较高的特点。这与调查社区所属类型和调查社区的居民群体有最直接的关系。

表 6-5　交往对象　　　　　单位:%

交往对象	同事	同学	朋友	亲戚	老乡	邻居	其他
C1	14.0	8.2	23.7	16.1	15.4	20.4	2.2
C2	13.8	9.4	23.5	21.9	11.9	16.3	3.1
C3	19.3	7.3	25.3	22.7	6.9	16.3	2.1
C4	18.5	7.1	20.2	20.8	10.1	18.3	4.8
C5	16.6	10.4	23.3	20.2	13.0	15.0	1.6
C6	15.5	7.8	20.4	14.6	15.4	24.3	1.9
C7	16.9	9.0	24.4	20.0	10.5	15.8	3.0
C1~C7	16.1	8.6	23.4	19.9	11.7	17.6	2.7

三、交往方式

就交往方式看，在住处附近聊天和到彼此家坐坐的居民交往方式比较普遍。居民交往方式调查表明：除红雁池东社区 C4 和大江社区 C7（交往方式以在住处附近聊天为主）外，其余社区居民交往主要为见面打声招呼（表 6-6）。而能够一同出行（上班、购物等）的居民交往比例很低，多数社区比例不足 10%，而桂林路社区 C6 比例相对较高达 12.5%，与该社区为回族聚居型社区，俗称乌鲁木齐市"宁夏回族第一村"，彼此间生活习惯较接近，宗教信仰一致，居民相对有共同话语和出行规律有关。

表 6-6　交往方式　　　　　单位:%

交往方式	C1	C2	C3	C4	C5	C6	C7	全部社区
见面打声招呼	46.9	57.1	48.3	24.6	43.1	53.1	15.7	39.3
互借（送）东西	0	2.7	7.0	15.9	3.1	0	15.3	7.1
在住处附近聊天	38.0	25.0	24.5	29.7	33.8	26.6	44.0	32.8
到彼此家坐坐	13.8	11.4	15.4	26.2	16.9	7.8	23.6	17.3
一同出行（上班、购物等）	1.3	3.8	4.8	3.6	3.1	12.5	1.4	3.5

四、邻里认知

群体间的相互依赖影响邻里交往（刘佳燕，2014）。估量与他人之间的关系状况，确认具体认知对象在群体中的位置，是人际关系认知的一个重要方面（周晓虹，1998）。具体到邻里认知，则是在邻里交往的过程中，扮演邻居角色的个体将认知对象与周围的事物加以对照，并把自己同一定的认知对象置于邻里关系网络中，试图了解他们之间的相互关系及形成相应的判断（李芬，2004）。在此运用语义分异量表对乌鲁木齐城市社区居民的邻里交往状态进行了测评。语义分异量表（semantic differential inventory）是美国心理学家查尔斯·埃杰顿·奥斯古德（C. E. Osgood）发展的一种态度测量技术。在此对人际关系评价、邻里关系状况、邻里交往意义性、邻里交往渴望性及社区居住优越感五个影响邻里交往的因素，设置五对反义词并赋予五个分值，从左至右分值递增，调查居民根据自己的感觉对五个因素的描述项进行评价统计分析。调查结果显示：就人际关系评价，均值为 3.69，众数为 3，表明邻里人际关系较好，但考虑测量依据是主观感受，故这种评价只能是广义上的较为友善；就邻里关系状况而言，均值为 3.81，众数为 4，表明邻里关系状况总体较为满意；就邻里交往意义性而言，均值为 4.25，众数为 5，说明当今城市社区居民邻里关系虽较为冷漠，但毕竟邻里关系是社区最基本的人际关系，邻里交往仍十分具有必要性；就邻里交往渴望性而言，均值为 3.71，众数为 5，说明居民不但认为邻里交往有必要，且多数居民非常渴望与邻里交往。因此，当前社区规划建设及社区管理服务应该做出更多努力，处理好商业利益和居民现实需求之间的关系，为居民邻里交往创建更多交流途径和平台，从而创建和谐温馨的邻里关系。就社区居住优越感而言，均值为 2.97，众数为 3，说明多数居民对当前居住地满意度评价较为不理想（表 6-7），这与不同社区间发展状况上的差异及社区内居民住宅类型不同等因素相关。总体而言，大多数居民认为本社区的人彼此熟识、比较友善。不过仍有部分居民认为邻里之间基本上是自己顾自己，相互间照顾不多，彼此不是很友善。

表 6-7　邻里交往状态量表

赋值 描述项	1	2	3	4	5	赋值 描述项
彼此不友善			*			互相照顾
非常不满意				*		非常满意
根本没必要					*	非常有必要
非常不愿意			*			非常愿意
根本没优越感			*			优越感很强

第三节　构建和谐邻里关系对策

一、影响邻里关系的因素

从表象来看，影响邻里关系的因素主要有个体属性，如性别、年龄、职业、收入、文化程度、婚姻状况和宗教信仰等；社区属性变量，如居住社区类型、住宅类型、居住环境因素等；社会属性变量，如家庭规模、居住稳定性、职业流动性和休闲方式差异性等。从深层次看，现代化与城市化通过对城市人口、经济与生活方式方面的渗透进而促使城市邻里关系发生质的变迁，生活方式和经济因素对城市邻里关系的影响比人口因素的作用要大得多（李芬，2004）。随着社会环境的变化，城市社区邻里关系由以"和平共处型"为主向以"淡漠封闭型"为主转变的趋势（董焕敏和徐丙洋，2011），原来传统社区邻里关系已被现代社区多元化的新型邻里关系所代替（黎甫，2007），现代新型邻里关系变化的特点呈现出复杂化、表面化和功利化的特征（马也和何洋洋，2012）。城市社区居民邻里关系变化的深层次原因主要是以下几个方面。

1. 居住环境与居住方式的变化

伴随着居住环境和居住形式的变化，社区居民邻里的交往方式也随之改变。

一方面，居民过去居住的传统的平房院落逐渐被各类安置房、保障房、商品房等替代，这种住房一般是多层和高层建筑，住宅以单元楼独门独户为主，取代了传统住宅多户人家居住在一个院落内的形式（马也和何洋洋，2012），各单元独立性强，单元面积大，城市居民的地缘关系趋向淡薄（闫文鑫，2010）。

另一方面，传统社区模式解体，现代邻里结构不完善。传统社区模式是计划经济时期福利分房时代的单位型社区，居住在一起的住户大多都是同一单位工作的同事，属于"熟人社会"，便于交流沟通。但是，现代社区多是由不同职业、不同单位、不同爱好和不同收入水平的人群组成，属于"生人社会"（黎甫，2007），由于异质性所带来的心理隔阂减少了邻里间的友好往来，甚至有时还要相互提防。加之社区的配套不完善，邻里间没有足够的交往空间，缺少公共沟通平台，居民的归属感降低等，邻里间难以建立起亲密的关系。

2. 社会区的重构与社区异质性

从满足人的需求出发，生活在社区的居民对居住的环境必然会提出更高的社交需求和认同感，良好的邻里关系表现为居民之间的认同感和亲切感，它对于维系居住地域的社会结构、社区共同生活、居民心理稳定都起着重要的作用（董慧娟，2008）。传统社区的同质性都相对较强，大家有着同样的生产生活方式，处于同样的生活水平。市场经济的发展带来了社会阶层的分化，人口流动增大了社区人口的异质性（李晓霞，2012）。随着城市社会结构的变迁，城市社会分层复杂化，功利主义取代了传统的道德原则，而诚信社会却尚未形成，还没有建立起普遍的信任机制（马也和何洋洋，2012），城市居民对居住安全性和私密性要求越来越高，由人口的流动性、异质性及交往的表面性和功利性带来的人与人关系的疏远甚至冷漠。

3. 现代生活的快节奏及流动性

传统邻里关系的形成与巩固是基于人口流动性较差这一基本前提的（邢晓明，2007）。现代生活的快节奏不可避免地带来职业流动的增加和居住稳定性的下降，阻碍了邻居之间的交流与沟通。我国目前处于经济和社会转型时期，职业更换、单位变动、身份地位改变、经济条件改善、家庭分化、重组、旧城改造等，都会使社区人口不断流动加快，使邻里处于不断地变动中，难以形成稳定的邻里关系。快速的生活节奏改变了人们的交流习惯（闫文鑫，2010），现代住区居民缺少交流的时间和欲望，邻里关系冷漠成为一种必然。

4. 现代人际交流方式的变化

随着电视、网络、通信等高科技产品的普及和交通的发展，人与人的交往摆脱了面对面、近距离的要求，邻里之间人与人的当面沟通欲望也大大减弱，人们足不出户就可以达到交流的目的（闫文鑫，2010）。计算机技术的日益普及，把人际关系逐渐带入一个虚拟化的世界，原来和谐开放的邻里关系也就难以维系。此外，现代休闲方式的多样化，也大大弱化了邻里关系的重要性。

5. 城市发展中的公共安全问题

城市发展中出现的问题，如治安恶化与邻里关系淡化也紧密相关（廖常君，1997）。目前，城市面临的灾害形势从传统的自然灾害、火灾、瘟疫等为主扩大到传统灾害和生命线系统故障、信息安全、恐怖事件等非传统灾害共同影响的情况（顾林生等，2007）。城市和社区的安全性与居民邻里关系相互影响，公共安全问题加深了居民的隔阂和淡漠，邻里之间的互不关心和来往极易造成城市和社区的安全漏洞。

二、构建和谐邻里关系对策建议

1. 加强社区环境建设，拓展社区公共活动空间

以建设和谐社区为载体，创造一种人与自然更加和谐的社区环境为目标，

加强社区环境建设，为居民邻里交往提供场所。完善社区公共服务设施，做好社区绿化、美化和亮化，不断改善环境质量。加强少数民族集聚社区公共设施建设。例如，已有研究表明，社区基础设施建设滞后不能满足居民的需求（陈元元和李亚军，2011），社区级（0～1千米）购物空间对少数民族居民具有重要的意义，应该完善邻里和社区级商业网点的布局，满足居民对日常生活用品的需求，方便居民购物，改善和提高城市中少数民族居民的购物环境及其质量（郑凯等，2009）。

积极拓展社区公共活动空间，如政府可以对房地产开发做相关规定，配备相应比例的公共活动场所面积。在住房结构的设计方面，也可以构建便于人们交往的空间结构。开辟出私人空间、半私人空间、公共空间等多层次的空间结构，满足人们不同的需求（王平和李江宏，2013）。

2. 社区管理政府主导，培育居民的社区认同

我国的社区管理主要实行的是政府主导型管理模式，尤其是西部城市多民族社区（单菲菲，2010）。增强社区效能，充分发挥社区的指导作用，才能够有组织、有秩序、有目的、长期性地安排住区的邻里活动，并能起到良好的引导作用，较好地优化邻里关系，使邻里间的活动更主动、更积极（闫文鑫，2010）。

多民族社区是结构复杂、异质化程度高的特殊社区，培育社区认同，应当是多民族社区摆脱发展脆弱性问题的重要途径。培育多民族社区的社区认同，以期真正实现城市化与城市多元治理，实现城市的稳定与少数民族对国家的认同（单菲菲和王学峰，2014）。

3. 加强社区文化建设，引导社区居民积极参与

社区居民参与社区建设是社区发展的动力和根本保证。加强社区文化建设，营造平等合作、真诚相待的精神氛围，开展多种形式的社区活动对于增强社区居民的归属感十分重要（刘筱，2006；杨贵华和钟爱萍，2007）。加大对文化设施的建设，扩大社区文化设施的覆盖面与影响力。形成市-区-街道-社区四级社区文化工作机构网络，要抓好社区文化的队伍建设，为文化发展提供人员保障和资金保障（刘玉琼，2009）。注重从民族地区的文化特性出发（刘荣，2012），组织社区居民进行文体、科教、娱乐及邻里节等活动，引导居民积极参与和谐社区、文明社区、平安社区、民族团结进步社区及宗教界"双五好"（即五好宗教活动场所和五好宗教人士）创建活动。

4. 搭建虚拟社区平台，提高政府公共安全管理预警预测能力

信息网络技术与社区管理相结合，可以创造城镇居民和谐的邻里关系环

境，实现在现代社区建设结构基础上建立新型邻里关系的范式（孟庆晨，2011）。网络是构建新型邻里关系的载体（瑞·福里斯特，2008），为构建和谐邻里关系提供空间保障。例如，社区网络聊天室给人们提供了一个便捷的沟通渠道，网络的超地域性使得人们的交往范围不再受特定地域的限制。依托网站、论坛、QQ 群、博客、微博等互联网媒介，形成共同利益、兴趣或需求进行信息交流、资源分享、人际互动的新的社区认同（舒晓虎等，2013）。

强化公共安全管理理念，提高政府和个人应对突发性公共危机的能力，使政府成为有前瞻性、预见性的政府。重视事前预防甚于事后补救，并对城市公共应急管理战略做出长远规划，最大限度地减少公共应急事件发生所造成的人员伤害、财产损失，能够尽快恢复地区生产和生活，保持社会稳定和经济的繁荣可持续发展（马梦砚，2010）

第七章　建设多民族和谐宜居城市

2005年1月，国务院批复《北京城市总体规划（2004—2020年）》，将北京2020年的城市功能定位为国家首都、国际城市、文化名城、宜居城市，北京首次提出宜居城市的发展目标。"宜居城市"是适宜于人类居住和生活的城市，是宜人的自然生态环境与和谐的社会、人文环境有机结合的城市，也应该是所有城市发展的方向和目标（张文忠等，2006；张文忠，2007）。目前，全国已先后有100多个城市将"宜居城市"列为城市发展目标，成为中国转型期城市发展水平开始追寻高质量的标志（吕传廷等，2010）。本章探讨了宜居城市建设的重要性与必要性，借鉴国内外宜居城市建设实践经验与启示，提出乌鲁木齐市建设多民族和谐宜居城市的重点。

第一节　建设宜居城市的重要性与必要性

一、宜居城市是建设和谐社会的客观需要

2006年10月，中共中央十六届六中全会审议通过《中共中央关于构建社会主义和谐社会若干重大问题的决定》，明确提出构建社会主义和谐社会的战略任务，并将其作为加强党的执政能力建设的重要内容。2007年10月，党的十七大再次强调了构建社会主义和谐社会的重要性。构建社会主义和谐社会的实质是建设人与自然、人与社会及人与人之间和谐相处的社会关系。宜居城市是由自然物质环境和社会人文环境相互交织、融合形成的一个复杂巨系统，该系统人文环境与自然环境协调，经济持续繁荣，社会和谐稳定，文化氛围浓郁，设施舒适齐备，适于人类工作、生活和居住（李丽萍和郭宝华，2006）。由此不难看出，宜居城市建设兼顾了人与自然、人与社会及人与人的三大和谐关系，成为构建和谐社会的主要抓手。

人与自然的和谐为人的生存发展创造物质条件，是人类文明得以延续和发展的载体，是和谐社会构建的物质基础；人与社会的和谐是和谐社会的主要内容和基本特征，是构建和谐社会的出发点和归宿（汪清和苗文玉，2005）；人与人的和谐是实现这两大和谐最根本的保障条件，个人的自身和谐只有在集体和社会中才能实现，而社会各系统、各阶层之间的和谐必须以个人之间的和谐

为基础（谢宝玲，2008）。和谐社会是一个全体社会成员包括个体与个体之间，以及不同群体之间和谐相处的社会。宜居城市是一个"以人为本"的城市，不仅仅关注人居自然环境，同时关注人际环境与精神文明氛围的塑造，宜居城市建设具有明显的促进社会发展的功能（叶立梅，2007）。宜居城市在建设中全面贯彻"以人为本"的科学发展观，这也正是和谐社会构建必须坚持的原则。

二、宜居是城市生态文明建设的根本目标

2012 年 11 月，党的十八大做出"大力推进生态文明建设"的战略决策，指出"生态文明建设是中国特色社会主义事业的重要内容，关系人民福祉，关乎民族未来，事关'两个一百年'奋斗目标和中华民族伟大复兴中国梦的实现"。提出"坚持节约优先、保护优先、自然恢复为主的方针，着力推进绿色发展、循环发展、低碳发展，形成节约资源和保护环境的空间格局、产业结构、生产方式及生活方式。"生态文明建设是我国转变经济发展方式，实现永续发展的战略抉择。

优化国土空间开发格局是生态文明建设的首要任务（樊杰等，2013），关于优化国土空间开发格局，中国共产党第十八次全国代表大会报告提出"三个空间"、"三个格局"、"三个给"等（刘国新，2013）。"三个空间"即生产空间集约高效、生活空间宜居适度、生态空间山清水秀，优化国土空间开发格局，控制开发强度，调整空间结构。"三个格局"是构建科学合理的城市化格局、农业发展格局、生态安全格局。加快实施主体功能区战略，推动各地区严格按照主体功能定位发展。"三个给"是给自然留下更多修复空间，给农业留下更多良田，给子孙后代留下天蓝、地绿、水净的美好家园。

宜居是人们定居城市的追求，也是城市生态文明建设的根本目标。宜居代表的不仅是一种生活模式，更是现代城市应该追求的发展模式（陈军和成金华，2013）。在城市发展的漫长历程中，生态文明始终伴随着其前期成长的每一个阶段（刘登强等，2015）。宜居城市首先是绿色城市，人们可以开门见绿、推窗见景，感受到山清、水秀、地净、气清的自然之美，城市必须减少和避免工业化、城市化带来的资源环境破坏，重视生态损害的修复。城市宜居体现了人与自然的和谐，是经济社会发展与资源环境保护的统一。各类城市应把宜居作为城市生态文明建设的根本目标，转变发展观念，推动城市走向绿色宜居的发展道路。目前，我国许多城市将生态作为制定城市发展战略的重要内容，将绿色、低碳、环保理念贯穿城市发展全过程，以生态文

明建设为目标，把城市建成碧水青山、绿色低碳、人文厚重、和谐宜居的生态文明城市。

三、建设宜居城市是实施新型城镇化的战略举措

城镇化是国民经济发展到一定阶段的必然产物。中国城镇化已步入快速发展阶段，同时进入城镇化转型发展的关键时期。党的十八大正式提出新型城镇化战略，2014 年 3 月，中共中央、国务院印发了《国家新型城镇化规划（2014—2020 年)》，在提高城市可持续发展能力中明确提出："加快转变城市发展方式，优化城市空间结构，增强城市经济、基础设施、公共服务和资源环境对人口的承载能力，有效预防和治理'城市病'，建设和谐宜居、富有特色、充满活力的现代城市。"综观我国已经走过的传统城镇化过程，是一种高资源消耗、高经济增长、高碳排放、高污染的不可持续城镇化过程，与此相对应的新型城镇化过程是一种高效低碳、生态环保、节约创新、智慧平安的可持续健康城镇化发展过程（方创琳，2014）。因此，新型城镇化相对于传统城镇化具有以下特征：新型城镇化实现从量到质的转变，从传统城镇化侧重数量规模增加转向注重内涵质量提升；"以人为本"构建以生活方式为主导的城镇化模式；立足生活圈规划，推进社区生活方式城镇化；重塑生活空间，加强社区管制，提升单位社区生活质量；整合空间资源，配套生活设施，促进郊区生活方式城镇化（柴彦威，2014）。从新型城镇化的内涵特征来看，新型城镇化与宜居城市虽有所不同，但是二者存在必然的联系，其最终的目标都是"以人为本"构建和谐社会，实现可持续发展。

宜居城市的提出源于对改善城市居住环境的关注，是人类对快速城市化发展的反思（张文忠，2008）。1996 年，联合国第二次人居大会明确提出"城市应当是适宜居住的人类居住地"的概念，并得到了国际共识，"宜居城市"成为 21 世纪新的城市观（张朝雄，2006）。宜居城市建设是提升城市发展质量的重要路径。在传统的快速城市化过程中，城市人口增长过快、住房日益困难，并受交通拥堵、空气污染、水资源短缺、生态空间减少等城市问题困扰。新型城镇化在土地城市化方面，强调城市用地空间扩张转向注重城市存量空间优化；在人口城镇化方面，注重人口数量增长向人口质量提升转型，合理引导人口流动，有序推进农业转移人口市民化，稳步推进城镇基本公共服务常住人口全覆盖，不断提高人口素质，促进社会公平正义。在知识经济时代，城市的宜居性以及如何营造吸引人才聚居的制度环境与社会文化氛围，成为决定城市竞争力的关键（柴彦威，2014）。新型城镇化是"以人为本"的城镇化，其核心

内容是建设高质量的市民生活，从人的需求出发，重构紧凑、完整、便捷的日常生活空间，增强城市空间的社会可持续性，实现居民行为需求与城市空间供给之间的公共资源均衡配置，并针对社会转型过程中城市社区环境碎化、人员杂化和人际关系淡化等问题，进行社区存量空间的弹性利用和再生的规划策略，建设宜居社区，重新生成居民的日常活动空间，这些正是宜居城市建设的主要内容。

四、宜居城市是政府管理的现实需求

我国处于经济和社会的转型期，市场还存在缺陷，政府是城市发展与管理的主体，因此，宜居城市建设是由政府推动实现的。同时，政府通过把宜居城市作为城市发展的目标，通过宜居城市建设提升城市管理水平。城市规划是政府运用公权力分配城市公共资源的手段和过程（叶立梅，2007）。随着我国经济社会的转型，城市社会空间分异与重构加剧，不同社会阶层的居住和生活需求差异加大；随着居民生活水平的提高，居民对住宅、社区到城市各个层面的高质量生活环境也产生了强烈的需求，各级政府应当充分运用城市规划手段和公共政策手段，在城市公共服务设施的配置和使用权的分配方面兼顾不同群体的利益，将城市建设成为适合居住的城市。城市管理的目标就是保证城市高效有序地运转，为城市经济和社会活动创造最佳的经济、社会和环境效益，为城市居民的居住、生活、工作和休息提供一个理想的环境。宜居城市建设对市政公共服务设施、城市内外部交通、城市环境、城市综合防灾、城市安全与应急等提出了较高的标准和要求，相应地需要政府健全城市管理体制，提高城市管理水平，加强市政公共设施管理、交通管理、环境管理、应急管理等。

第二节　国内外宜居城市建设借鉴

一、宜居城市评价标准

建设宜居城市是一个长期的过程。由于国内外城市的历史、文化、性质、规模及其地域环境等方面的差异，宜居城市没有统一的标准，也很难确定一个统一的宜居城市标准（张文忠，2007）。国内外对宜居城市的概念和内涵的认知存在广义和狭义的差别，在评价标准上，国内的评价标准注重经济发展和设施建设指标，具有全方位和综合性的特征；国外的评价标准关注环境舒适性、文化包容性、社会安全性及社会空间（公共活动空间、邻里空间和交流空间）对居民日常生活的作用等（王世营等，2010；张文忠等，2006）。因此，对国内外宜居城市评价标准的认识，能更好地理解宜居城市的内涵，有助于树立城市发展建设新观点的形成，有助于宜居城市建设的实践和管理。

1. 国外城市宜居性的评价标准

宜居城市思想源于对城市人居环境的关注，霍华德的《明日的田园城市》是这一思想的萌芽。第二次世界大战后，随着工业化和城市化的快速发展，对舒适宜人的城市环境追求，需要城市规划的指导。《雅典宪章》和《马丘比丘宪章》首先比较系统地阐述了宜居的城市观。两个宪章一致认为，要争取获得城市生活的基本质量及人与自然环境的协调。大卫·史密斯（David L. Smith）在《宜居与城市规划》中，倡导了宜居的重要性。1961 年，WHO 提出满足人类基本生活要求的条件及居住环境的安全性、健康性、便利性和舒适性的理念（张文忠等，2006）。从 20 世纪 70 年代以来，城市宜居的研究及实践在学术界和公众中引起了较大的关注。不同的专家、学者对宜居城市的概念、标准看法不同（表 7-1）（姜煜华等，2009）。

表 7-1 国外学者对宜居城市的评价标准

学者 （发表年代）	宜居城市	特点
Knox （1995）	与美学相关（居住环境外观、整洁度、色彩，服务设施的配套、住宅的设计和宽敞程度）；与邻里相关（邻里友好互助，居民的自豪感、安全感和孤独感）；可达性及流动性（到高速公路的便捷度）；与安全有关（生命财产安全和周围社会治安）；与噪声有关（居住区内部和外部的噪声）；私密性	美学、邻里、安全、便捷、环境、私密性
Register* （1996）	优先开发紧凑的、多种多样的、绿色的、安全的、令人愉快的和有活力的混合土地利用社区；修改交通建设的优先权；修复被损坏的城市自然环境；建设低价的、安全的、方便的、适于多种民族的混合居住区；培育社会公正性，改善妇女、有色民族和残疾人的生活和社会状况；支持城市绿化项目；采用新型优良技术和资源保护技术；共同支持具有良好生态效益的经济活动；提倡自觉的简单化生活方式；提高公众的局部环境和生物区域意识	生态健康、紧凑、充满活力、节能并与自然和谐

续表

学者 （发表年代）	宜居城市	特点
Hahlweg （1997）	令人愉快的、安全的、可支付得起的、可以维持的人类社区；居民能够共享有健康的生活，能够很方便地到达所要去的任何地方；全民共享的生活空间；富有吸引力的、让人流连忘返的地方；对上班族、孩子和老人而言，它都是很安全的；通达便捷的开敞绿地，保障休闲、聚会和交流的自由空间	安全、健康、交通方便、全民共享生活空间、开敞绿地
Salzano （1997）	连接过去和未来的枢纽，可持续发展的城市；社会和社会个体在自身完善和发展方面的要求得以满足；宜居城市没有边界、贫民窟和隔离区域；以其功能复杂性和人际交流丰富性为标记；宜居城市与其场址和环境有着良好的关系；宜居城市中，公共空间是社会生活的中心	可持续发展、公共空间、人际交往
Lennard （1997）	城市中的居民能自由交流；提供充足的公共活动空间；城市不被恐惧所主导；体现功能多样性；居民互相尊重；优美、经过设计的物质环境；所有居民的智慧和知识能够得以施展	公共空间，邻里信任、物质环境
Casellati （1997）	有吸引力的、行人导向的公共领域；较低的交通速度、容量和拥挤度；较好的、买得起的和地段较好的住房；方便的学校、商店和服务；容易到达的公园和开敞空间；清洁的自然环境；有安全感并能接受不同的使用者；有意义的文化、历史和生态特征；友好的、社区导向的社会环境	强调了生活和生态的可持续性
Douglass （2000）	安全而清洁的环境、工作和谋生机会、生活机遇、包容、伙伴、城市管治、参与和透明	环境福扯、个人福扯和生活世界
Asami （2001）	便利性；安全性；保健性；舒适性；城市环境的可持续性	可持续性
Evans （2001）	工作地充分地接近住地；收人水平与房租相称；能够接近提供健康生活环境的设施；绿色和新鲜的空气	可持续性和宜居性
Timmer 和 Seymoar（2006）	进入绿色空间的公平性；基础的生活服务设施；居民的可移动能力和对他们生活的城市发展决策的参与性	居民的参与性

资料来源：根据张文忠等，2006；李业锦等，2008；田山川，2008；肖荣波等，2009；周长城和邓海骏，2011等文献整理

＊详见理查德·瑞杰斯特，2002

此外，一些社会组织和机构采用社会调查问卷方法，通过居民对城市的主观评价来调查"最佳居住地"，评价研究也逐渐开展。主要有英国经济学家信息部（EIU）全球宜居城市、美国财富杂志（MONEY）关于美国宜居城市、《国际先驱论坛报》和《单片眼镜》杂志（MONOCLE）联合评选世界最宜居住城市及新加坡"全球宜居城市指数"（GLCI）调查排名（张文忠，2007；肖

荣波等，2009）。

（1）EIU 关于全球城市宜居性的评价标准

EIU 根据治安、基础建设、医疗水平、文化与环境及教育等指标，每年进行两次调查。为全面地诠释什么是城市宜居性，随着城市涵盖内容的不断复杂化，其调查评价指标也在不断变化。2004 年，EIU 的全球城市宜居性评价指标体系的评价指标共 12 个，分成健康和安全、文化与环境、基础设施三组。而 2005 年的 EIU 世界城市宜居性调查指标就增至社会稳定程度、健康水平、文化与环境、教育质量、基础设施五组。然后，通过对调查而来的数据进行定性和定量综合分析，得出一个全面反映生活质量的指数。根据 EIU 报告①，2015 年全球 140 个最适合人居住的前几位城市为：澳大利亚墨尔本、奥地利维也纳、加拿大温哥华、加拿大多伦多、加拿大阿德莱德和卡尔加里（并列第五）、澳大利亚悉尼、芬兰赫尔辛基、澳大利亚珀斯（Perth）与澳大利亚阿得雷德（Adelaide）（并列第八）、新西兰奥克兰。根据 EIU 的全球宜居城市排名调查显示，香港排名第 46、新加坡排名第 47，北京、苏州、天津、上海、深圳、大连、广州和青岛排名在前 69～98 位。

（2）美国 *MONEY* 杂志关于全美城市宜居性的评价标准

2005 年以来，*MONEY* 杂志的美国年度最佳居住地评选每年举行一次，定位指标在很大程度上依赖于居民对城市的主观评价。评价结果表明：最受美国人青睐的多是高等教育中心；交通方便和优美的自然环境也是美国人挑选宜居城市的重要条件；一个适宜人居住的城市，首先表现在当地居民对城市的满意度和忠诚度上；丰富的文化生活也是吸引人们移居的一个重要因素；房地产价格是家庭选择居住地时考虑的重要因素。2014 年评出的美国城市最宜居的前 10 位是②：得克萨斯州沃斯堡-阿灵顿、得克萨斯州达拉斯-普莱诺-欧文、北卡罗来纳州-南卡罗来纳州夏洛特-加斯托尼亚-康科德、田纳西州纳什维尔-戴维森-莫非斯堡-富兰克林、得克萨斯州休斯敦-Sugar Land-贝城、乔治亚州亚特兰大-Sandy Springs- Marietta、俄克拉何马州俄克拉荷马市、佛罗里达州奥兰多-基西米、内华达州拉斯维加斯-天堂、爱达荷州博伊西市-南帕。

---

① 2015 年全球宜居城市排行榜（经济学人）. 宜居城市网 . http：//www. elivecity. cn/html/yi-juchengshi/yijupaixing/3017. html［2015-8-29］。

② 2014 年美国 20 个最宜居城市. 美闻网 . http：//www. usnook. com/estate/property/districts/overview/2014/0624/108236. html［2014-08-29］。

（3）《国际先驱论坛报》和 *MONOCLE* 杂志世界最宜居城市的评价标准

《国际先驱论坛报》和 *MONOCLE* 杂志主编泰勒·布鲁斯（Tyler Brûlé）认为宜居城市首先是个人身心健康和生命安全，其次是谋生、交通、休闲游乐设施的有无和便利。他提出宜居城市的 11 个标准：拥有设计良好、有国际长程航班的国际机场；低犯罪率；国家提供优质的教育；高素质的保健医疗服务；气候宜人；通信系统良好；社会容忍度高，能容忍同性恋、不同种族，并让妇女平等就业；凌晨 1 时仍能买到酒；公共交通包括的士收费合理且服务佳；当地媒体及国际报章杂志的有无、多寡及其素质；城市规划可让市民接触到大自然，并尽量避免污染和生态破坏（张文忠，2007）。2015 年，*MONOCLE* 杂志调查有 22 个新标准，其中包括城市中一套三卧室住房的价格、一杯咖啡的价格、葡萄酒的价格和一份像样的午餐的价格及户外活动的便捷性等，评选出的全球最宜居城市前 10 位是[1]：日本东京、奥地利维也纳、德国柏林、澳大利亚墨尔本、澳大利亚悉尼、瑞典斯德哥尔摩、加拿大温哥华、芬兰赫尔辛基、德国慕尼黑、瑞士苏黎世和丹麦哥本哈根（并列第十）。

（4）新加坡"全球宜居城市指数"（GLCI）调查排名

新加坡国立大学李光耀公共政策学院亚洲竞争力研究所从社会稳定、经济活力、文化环境、政府效率和环境保护五个方面，从经济活力好和竞争力、包容性发展、社会流动性、个人安全、环境和谐及美学等多维度，构建了"全球宜居城市指数"（陈企业等，2014）。全球 64 个城市参与这项调查排名。2014年的排名结果依次是[2]：日内瓦、苏黎世、新加坡、哥本哈根、赫尔辛基、卢森堡、斯德哥尔摩、柏林、香港和奥克兰。

2. 国内城市宜居性的评价标准

国内的研究起始于 20 世纪 90 年代居住环境评价的研究。吴良镛是最早进行人居环境理论和实证研究的学者，《人居环境科学导论》成为人居环境研究的代表著作。2005 年年初国务院批复《北京城市总体规划（2004—2020 年）》对的标书是"创造充分的就业和创业机会、建设空气清新、环境优美、生态良好的宜居城市"。我国学者提出宜居城市应满足不同群体的宜居需求（叶立梅，2007），有充足的就业岗位，是社会和谐、环境优美、文化有个性、基础设施

---

[1]　2015 年全球最宜居城市排行（Monocle 版）. 宜居城市网 . http：//www. elivecity. cn/html/yi-juchengshi/yijupaixing/3006. html ［2015-6-22］.

[2]　全球宜居城市排名 新加坡仍旧名列第三 . http：//www. 65singapore. com/news/sinnews/35384. html.

完善配套的城市（任志远，2005）；宜居城市是一个动态、综合的概念（赵勇，2007），实现生态、人文和经济三大环境的优化是关键（刘维新，2007）；宜居城市建设不是终极目标，是城市的永恒追求，应该是一个安全的、健康的、生活方便的、出行便利的、具有鲜明地方特色的、社区和谐邻里关系良好的城市（张文忠，2007）。我国学者从不同方面对我国宜居城市进行了评价，并提出了相应的指标（表7-2）。

表7-2　我国学者对宜居城市的评价标准情况

学者 （发表年代）	宜居城市的标准	指标数
宁越敏和查志强 （1999）	居住条件、生态环境质量、基础设施和公共服务设施水平	3类19项指标
李王鸣等 （1999）	近接居住环境、社区环境、城市环境	3类8方面29项指标
陈浮和陈海燕 （2000）	建筑质量、环境安全、景观规划、公共服务、社区文化环境	5类56项指标
任志远 （2005）	经济发展、基础设施、社会发展、文化建设、环境质量	5类26项指标
李丽萍和郭宝华 （2006）	经济发展、社会和谐、文化丰厚、生活舒适、景观怡人、公共安全	6类13个方面112项指标
张文忠 （2007）	客观的（安全、健康、方便和舒适性）、主观的（安全、环境、设施、出行和舒适满意度）	2类9方面52项指标
顾文选和罗亚蒙 （2007）	社会文明、经济富裕、环境优美、资源承载、生活便宜、公共安全	6类29方面90项指标

2005年10月，中国城市科学研究会开始研究宜居城市科学评价标准。2007年4月19日，《中国宜居城市科学评价标准》通过中华人民共和国建设部科技司验收，其主要内容包括社会文明、经济富裕、环境优美、资源承载、生活便宜、公共安全六个方面（顾文选和罗亚蒙，2007；图7-1）。

中国社会科学院财经战略研究院和社科文献出版社共同发布了《中国城市竞争力报告》（城市竞争力蓝皮书），报告以《中国宜居城市评价指标体系》为参考，构建《GN中国宜居城市评价指标体系》对我国近300个城市进行调查、研究、评价，并产生了中国十佳宜居城市排行榜（表7-3）。2015年在宜居城市竞争力指标上选取了代表城市地面的环境情况的排水管道密度。

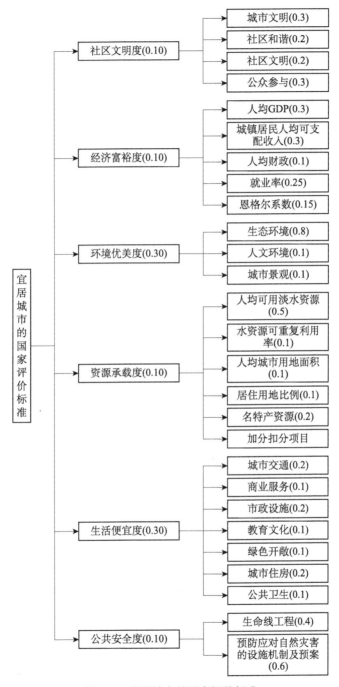

图 7-1　宜居城市的国家评价标准

表 7-3　2005～2015 年中国十佳宜居城市排行榜

序号	2005年	2006年	2007年	2008年	2009年	2010年	2011年	2012年	2013年	2014年	2015年
1	威海	成都	深圳	杭州	青岛	南京	青岛	苏州	威海	遂宁	深圳
2	珠海	杭州	湛江	成都	苏州	厦门	苏州	金华	珠海	珠海	珠海
3	桂林	扬州	十堰	威海	泰州	南通	贵阳	威海	金华	成都	烟台
4	贵阳	贵阳	许昌	深圳	厦门	聊城	合肥	惠州	惠州	金华	惠州
5	台州	威海	黄冈	昆明	宁波	绍兴	金华	台中	台中	惠州	信阳
6	北海	珠海	九江	珠海	长沙	云浮	威海	南宁	信阳	信阳	厦门
7	秦皇岛	绍兴	牡丹江	贵阳	聊城	赣州	云浮	信阳	南宁	烟台	金华
8	宜昌	北海	娄底	金华	池河	银川	信阳	芜湖	衢州	合肥	柳州
9	咸阳	金华	湘潭	曲靖	包头	信阳	镇江	衢州	曲靖	南宁	扬州
10	曲靖	曲靖	聊城	绍兴	信阳	丹东	绥芬河	宜春	香港	曲靖	九江

注：参见中国社会科学院财经战略研究院和社科文献出版社，《中国城市竞争力报告》（城市竞争力蓝皮书）

二、宜居城市建设实践

1. 国外宜居城市建设实践

（1）温哥华

温哥华在高密度城市环境下，通过规划和紧凑型都市区建设，创造了优质的城市生活品质，成为大城市打造宜居的典范（姜煜华等，2009）。温哥华作为世界宜居城市，除得益于三面环山、一面傍海的地理环境外，还得益于其城市规划及其管理的贡献。城市规划是制定政策，确定工作重点，编制预算和做出资金计划的指导性文件（何韶，2001）。例如，大温哥华地区 1996 年实施的《宜居的区域战略规划》（LRSP），2003 年的《大温哥华地区长期规划》和 2009 年的《温哥华最绿城市行动规划 2020》为温哥华宜居城市建设做出了巨大贡献。《宜居的区域战略规划》（LRSP）围绕保护绿化带、建立设施完善的社区、实现紧凑的大都市区域和增加可选择的交通方式四个目标，编制完成包含绿色地带规划、大温哥华地区多中心体系规划、交通规划等 50 多份规划文件。《大温哥华地区长期规划》将"宜居城市"作为一个重要的目标，并指出宜居城市是一个能够满足所有居民的生理、社会和心理方面的需求，同时有利于居民自身发展的城市系统。《温哥华最绿城市行动规划 2020》规划的绿色经济、环境领导力、绿色建设、绿色交通、零垃圾、自然环境可达性、更小的生态足迹、清洁的水、清洁的空气和本地食品 10 个规划目标与《温哥华 2020：一个明亮绿色的未来》提出的目标相一致，分别提出最首要的行动，并细化分解具体的目标和指标，致力于将温哥华打造成为世界上最为绿色环保、健康宜居的生态城市。

在城市规划管理方面，一是重视多规衔接及政策相衔接；二是规划管理过程的透明性和公众参与。温哥华有关城市规划与发展，更新的政策、法规文件都与之相衔接。此外，规划管理提供一个透明的环境，引入公众和不同组织对规划进行评估（曹大为等，2008），如在《最绿城市规划》的制定过程中，共有 35 000 多名公众通过各种在线论坛、社会媒体及面对面的研讨会、论证会，表达了意见和建议。这些意见和建议通过有关渠道反馈，大多被收集运用于各种目标与行动方案的制定（李昊，2014）。

（2）西雅图

西雅图作为美国太平洋西北海岸的一个商业、文化和技术中心，在宜居城市建设方面率先提出并贯彻实施了"可持续发展的西雅图"模式，具有强烈的整体意识、区域意识和社区意识（梁江和孙辉，2000；姜煜华等，2009）。

西雅图市的总体规划全名是《可持续发展的西雅图 1994～2014 年增长管理规划》，规划文本于 1994 年被市议会批准通过。总体规划把市民一致认同的核心价值观作为总体规划的战略目标。具体如下：①社区。通过社区规划，集思广益，协同合作，加强社区的认同感与归属感。②环境管理。保护自然环境资源和人文环境。③经济机会和经济保障。健康的经济环境，充足的就业机会，安定的生活医疗保障，价格合理的住房，高质量的教育。④社会公平。尊重多样性的社会结构，公平地分配资源和负担，为弱势个体和群体提供帮助，鼓励其参与规划决策（梁江和孙辉，2000）。

在总体规划中，提出了独创新颖的规划模式——都市集合，它是总体规划内容的核心，是集中容纳未来人口和住房增长的主要地区。都市集合的用地模式，主要是将西雅图都市区按建设密度从大到小分为"都市中心集合"、"核心型都市集合"、"居住型都市集合"和"社区中心点"四大类，每类按照各自的特点分别进行规划，提倡居住、商业、办公用地的混合及相对密集型的建设。在交通规划中，力求缩短通勤和购物距离，鼓励公交、小巴、自行车、步行等多种出行方式，并为其规划和设计完善的设施及环境；为"多人共乘车"的出行方式提供专行线，对市中心区停车位的总数进行严格控制。社区规划要素界定了规划的总体原则和框架，设计了专门的规划程序和格式，以保证每个不同的社区在规划上的同一性。因此，都市集合的用地模式，充分体现了控制增长、节约土地资源、降低能源消耗、高效利用基础设施、保护环境、鼓励公众参与、提倡社会公平、改进生活品质、加强社区意识，保护地方特色及整体规划等可持续发展的思想；交通规划体现了可持续发展中节能、环保、高效、循环、多样及区域性和社区性等综合特征。社区规划则遵循自下而上、协调合作、平衡利益等可持续发展的原则。在整个规划的编制与实施过程中，高质量、高效率、系统而程序化的公众参与是西雅图成为宜居城市的重要保障（姜煜华等，2009）。

（3）新加坡

新加坡是一个城市型国家，以建立世界级花园城市和金融导向的大都会为发展目标，通过完善的规划体制造就了宜居城市的典型（苏玲和陶承洁，2012；吕冬娟，2010）。新加坡的城市规划由概念规划、总体规划、开发指导规划和特殊地区的设计指导方针组成，分别解决不同层次的问题（吕冬娟，2010）。新加坡的城市规划具有前瞻性、权威性和严肃性，其中战略性的概念规划以未来50年的愿景发展为规划预期和标准，每十年修编一次，实施性的总体规划期限为10～15年，每五年修编一次。所有与宜居城市建设相关的内容都是规划的重点，城市建设严格按照规划实施，规划的城市空间结构和生态绿地等核心内容基本得到坚持和延续，几十年不变（苏玲和陶承洁，2012）。

新加坡政府充分发挥其职能，修建组屋，实现"居者有其屋"，以加强国人的归属感。组屋是由政府提供的按福利价格配售的公共住宅，是新加坡最主要的住宅类型。1964年，新加坡政府推出"居者有其屋"计划，鼓励中低收入家庭购买公共组屋（王丹娜和胡振宇，2010）。组屋一般分为新镇、邻里和居住单元三级，并设置相应的公共服务体系，组屋的选址与城市总体规划相配合，采用多样化的户型设计，注重居住环境品质。

新加坡政府重视公共交通发展，明确提出建设以人为本的陆路交通系统，制定和完善了城市交通总体规划，加快城市陆路交通网络的建设，并且通过将快速轨道系统延伸到新城镇和居住区中心，建立整体有效的交通系统。同时，政府注重遗产保护，传承文化特色。为了保护与更新历史街区，新加坡政府首先制定整体保护计划，通过梳理共计6823幢建筑经政府公报列为保留对象，超过90公顷的城市地区被列为保留区，与周边的高层现代建筑格局形成强烈对比。此外，通过控制建筑的外形或外表面，控制老建筑的修复元素和新植入功能，保证街道设施与历史环境相适应，即充分体现老街区历史风貌，又融入新时代的生命力。

自独立建国以来，新加坡政府就确立了"花园城市"的建设目标，通过建设完善的城市绿地系统，明确不同时期的城市绿化、美化目标，增大执法力度等，创造出高品质的生活和工作环境（苏玲和陶承洁，2012）。新加坡通过"自然保护区-国家公园-奇异果园-市镇公园-邻里公园-私人开敞空间"六级公园与开敞空间的划分与设置，建立城市绿地系统。为保证城市绿地与城市变化的方向相一致，在不同的发展时期提出了不同的绿化、美化目标。20 世纪 60 年代重点建设道路绿化，70 年代增加花卉规划和垂直绿化，80 年代的重点在区域公园和邻里公园，90 年代在优化公园游乐设施的同时，注重全国公园连岛系统和各类自然保护区；进入 21 世纪后，除注重环岛绿带外，大力规划空中绿化。此外，政府出台了《公园与树木法令》、《公园与树木保护法令》等一批法律法规，要求所有部门都必须承担绿化责任，对损坏绿化的行为实行严厉处罚。新加坡政府完善的规划体制不仅为宜居城市的建设提供了一个良好的保障，而且有效避免了城市发展中缺少控制的问题（姜煜华等，2009）。

2. 中国宜居城市建设实践

（1）北京市

《北京城市总体规划（2004—2020 年）》明确指出了北京的发展目标为：国家首都、世界城市、文化名城、宜居城市。总体规划实施以来，经济实现又好又快发展，城市空间战略性调整有序展开，城市资源环境综合承载力显著提升，宜居城市建设成效显著（杜立群，2012）。根据 EIU 的全球宜居城市排名调查显示，中国内地城市中北京排在第一（位列全球城市第 69 名）。根据中国社会科学院财经战略研究院和社会科学文献出版社联合发布的 2014 城市竞争力蓝皮书《中国城市竞争力报告》来看，北京由于资源高度富集，其宜居性主要体现在拥有高素质的居民、完善的医疗卫生服务、丰富的教育资源、发达的商业及良好的公共基础设施等方面。此外，北京拥有较完善的社会服务管理体系和较为健全的社会矛盾化解机制，社会生活中的制度化和法治化水平较高，公众的社会参与度较高，社会保障程度较高，不断增加的外来人口使得其包容性持续提高。2014 年 2 月 26 日，习近平总书记在考察北京时提出："坚持和强化首都全国政治中心、文化中心、国际交往中心、科技创新中心的核心功能，深入实施人文北京、科技北京、绿色北京战略，努力把北京建设成为国际一流的和谐宜居之都"。因此，北京的宜居城市建设主要是：①"人文北京"建设。作为历史文化名城的北京，从元大都时就具有世界城市的文化影响力，多民族文化的融合性得到完美体现，在城市景观上形成了不同地域文化融合的特质，居住空间的融合是多元文化的载体，体现了北京城市文化包容性（张景秋，2010）。改革开放以来，北京的国际政治、经济、文化等功能不断增强。近年来，中央和北京市更加重视文化建设在首都城市整体协调发展中的作用，文化在城市整体协调发展中的战略意义得到了凸显（李建盛，2015）。2010 年 4 月 6 日，北京市委、市政府出台《"人文北京"行动计划（2010—2012 年）》提出"人文北京"建设的远景目标是：到 2020 年，在全面推进民生发展、文明发展、文化发展、和谐发展的基础上，把北京建成最具人文关怀、最显文明风采、最有文化魅力、最为和谐宜居的世界城市。2011 年 8 月出台的《北京市"十二五"时期人文北京发展建设规划》，明确大力保障和改善民生、扎实推进社会主义核心价值体系建设、率先建成完备发达的公共文化服务体系、全面提升市民文明素质和城市文明程度、积极推进历史文化资源保护与利用、加快文化体制机制改革创新、深入推进社会建设和管理创新等九方面的建设内容。②"科技北京"建设。改革开放以来，北京依托密集的高校和众多的科研院所，集中了一大批科技资源，形成了诸如中关村等科技发展的集群，在一定程度上奠定了"科技北京"城市品牌形象，并且正在发挥着城市科技品牌的集聚和溢出效应，肩负着以创新发展驱动中国特色世界城市建设的重要使命（刘建梅，2012）。2009 年，北京市委、市政府制定发布了《"科技北京"行动计划（2009—2012年）》，不断强化科技对经济社会发展的支撑引领作用。提出了实施"2812 科技北京建设工程"①，加快推进中关村国家自主创新示范区建设，努力把北京建设成为我国创新发展的核心引领区和具有全球影响力的科技创新中心。2014 年，在成功实施《"科技北京"行动计划（2009—2012 年）》的基础上，开始实施《北京技术创新行动计划（2014—2017 年）促进自主创新行动》，主要目标是科技体制改革取得重要突破，以企业为主体的技术创新体系进一步完善，科技支撑经济发展方式转变的作用更加突出，科技支撑城市可持续发展和服务民生重大需求的能力显著提升。该项行动计划确定了首都蓝天行动、首都生态环境建设与环保产业发展、城市精细化管理与应急保障、首都食品质量安全保障、重大疾病科技攻关与管理、新一代移动通信技术突破及产业发展、数字化制造技术创新及产业培育、生物医药产业跨越发展、轨道交通产业发展、面向未来的能源结构技术创新与辐射带动、先导与优势材料创新发展、现代服务业创新发展 12 个重大专项。③"绿色北京"建设。北京大力创建绿色发展模式，开拓绿色城市道路，在中国率先与碳排放脱钩，率先碳排放下降将成为中国城市转型的榜样。同时作为世界现代化的"新兴"城市，具有"后发优势"和"人才集聚优势"（胡鞍钢，2010）。2009 年，北京市委、市政府出台了《"绿色北京"

---

① 行动计划中的"2812 科技北京建设工程"："2"是指两项对接，通过积极对接国家重大科技专项和国家重大科技基础设施建设项目，进一步增强首都自主创新能力；"8"是指八大科技振兴产业工程，统筹整合首都人才、资金、政策等各类创新资源，在电子信息、生物医药、新能源和环保、汽车、装备制造、文化创意、科技服务、都市型现代农业等产业集中支持一批产学研用项目，努力在重大关键技术上形成突破，到 2012 年，力争新增产值超过 5000 亿元。"12"是指十二项科技支撑工程，集中在食品安全、医疗卫生与健康、科技交通、新能源汽车等领域，推广一批具有自主知识产权，并能带动形成新的市场需求，改善民生的新的技术和产品，提升科技惠民能力。

行动计划（2010—2012 年）》，提出了"到 2020 年本市经济发展方式转型升级，绿色消费模式和生活方式全面弘扬，宜居的生态环境基本形成，将北京初步建设成为生产清洁化、消费友好化、环境优美化、资源高效化的绿色现代化世界城市"的远景目标。"绿色北京"的建设重点是推动产业优化升级，打造绿色生产体系；弘扬生态文明理念，创建绿色消费体系；统筹城乡生态建设，完善绿色环境体系。同时，为提升绿色发展承载能力，重点围绕能源、建筑、交通、大气、固体废物、水、生态等领域，统筹城乡发展，切实推进实施一批重大项目。为提升政策综合保障能力，着力构建多层次的"绿色发展"政策体系，包括组织、法规、标准、价格、财税、金融、技术、服务、监督等多方面保障。

（2）深圳市

深圳市是我国的经济特区，是我国较早建立完善的市场体制的地区，城市投资建设优势明显（刘星光等，2014），在经济发展水平、生态环境、城市建设等方面为创建宜居城市奠定了良好的基础。在宜居城市建设方面，深圳市的主要特点是：①科学决策，顶层设计。2010 年，国务院批复的《深圳市城市总体规划（2010—2020）》提出深圳实现经济、社会和环境协调发展，建设经济发达、社会和谐、资源节约、环境友好、文化繁荣、生态宜居的中国特色社会主义示范市和国际性城市发展目标。深圳市人民政府成立深圳市宜居城市工作领导小组办公室，出台了《深圳市创建宜居城市工作方案的通知》（深府〔2010〕108 号）并实施了《深圳市创建宜居城市行动计划（2012—2013 年）》和《深圳市创建宜居城市行动计划（2014—2015 年）》两轮宜居城市行动计划，从设立宜居城市建设鼓励资金到实现宜居信息化管理，再到开展丰富多彩的宜居宣传活动，深圳市不断完善宜居城市建设顶层机制。② 规范路径，技术支撑。2012～2013 年，推出《深圳市创建宜居城市行动计划（2012～2013 年）》，共落实 60 项重点工程，涵盖居住条件改善、生态环境保护、资源节约利用、城市管理水平提升、公共服务优化、宜居社区创建等方面。2014～2015 年，推出《深圳市创建宜居城市行动计划（2014—2015 年）》，共提出住房安居行动、生态环境行动、绿色交通行动、公共服务行动、公共安全行动、宜居社区行动六大行动，涉及 25 项重点工程[①]。③宜居社区建设。积极培育宜居社区，提升社区宜居水平。2012 年，政府出台了《深圳市宜居社区建设工作方案的通知》

---

① 深圳创建生态宜居城市．中国建设报．http：//www.chinajsb.cn/bz/content/2015-06/04/content_160274.htm [2015-06-04]。

（深府办函〔2012〕49号），宜居社区建设的工作内容主要包括完善社区基础设施、建设社区生态环境、提升社区服务水平、创新社区管理机制、丰富社区文化生活、健全社区安全体系六个方面。2013年和2014年，深圳在全市分别选取了12个社区进行宜居示范培育，从居住空间、环境建设和服务设施方面打造宜居社区，建立宜居社区孵化培育、交流指导、巩固回访的创建模式，并将创建工作纳入市生态文明建设考核。2015年，深圳市有428个社区荣获"广东省宜居社区"称号、17个项目获评"广东省宜居环境范例奖"、4个项目获评"中国人居环境范例奖"。④生态引领，建设生态文明之都。深圳是我国较早进行低碳生态城市规划建设探索的城市。1992年，深圳成为首批创建国家园林城市的城市之一；2009年，深圳成为国家综合配套改革实验区；2010年1月，国家住房和城乡建设部与深圳市签订了部市合作共建《国家低碳生态示范市框架协议》，重点探索在城市发展转型和南方气候条件下渐进式、常态化低碳生态城市的规划建设模式。长期以来，深圳市坚持"树立绿色价值观和生态政绩观，坚持低碳发展方向，以环境容量为约束"的城市发展理念和战略，提出了深圳稳步向生态文明之都目标迈进，全面打造美丽宜居生态文明城市，建设美丽深圳的路径选择。深圳成为全国低碳生态城市规划建设的先行先试和示范城市，并且在制度建构、规划编制、实施管理、公众参与等方面有效融入和落实低碳生态城市理念和要求，具有较好的示范意义（陈晓和叶伟华，2011）。

（3）珠海市

珠海一直坚持重视生态环境保护和建设，先后荣获"国家园林城市"、"国家环保模范城市"、"国家卫生城市"、"国家级生态示范区"、"中国优秀旅游城市"称号和联合国人居中心颁发的"国际改善居住环境最佳范例奖"。2014年，中共珠海市委、珠海市人民政府正式出台《关于实施新型城镇化战略建设国际宜居城市的决定》，提出："到2030年左右，珠海基本建成生态安全和谐、功能与国际接轨、空间集约高效、设施绿色低碳、生活和谐宜人、管理高效便捷的国际宜居城市"的发展目标。2015年1月，获批的《珠海市城市总体规划（2001—2020年)》（2015年修订）明确提出珠海市要按照"生态文明新特区、科学发展示范市"的定位和国际宜居城市标准，与港澳共建国际都会区，打造美丽中国城市样板的目标。珠海的宜居建设重点如下（张婧远等，2013；郭璨等，2015）：①统筹推进宜居规划建设。在科学制定国际宜居城市建设战略基础上，制定新型城镇化规划、构建国际宜居规划体系、统筹推进宜居规划建设。优化城乡空间，构建"面向区域、生态间隔、多极组团式"的城市空间布局，依托各组团，均衡发展就业、居住等功能，完善城市交通、公共服务、游憩绿地等配套设施，促进产城融合发展、职住均衡布局。按照组团模式推进城市新区开发，建立由"主城区-新城区-中心镇"构成的渐进式、集约组团型城市空间拓展模式。北部生态保育组团以特色农业和水源保护为重点。明确宜居建设标准，从城市空间、生态、出行、人文、服务、经济、价值等方面设置控制引导指标，作为各区各部门工作的绩效标准。制订的行动计划明确全面深化珠港澳合作、共建珠江口宜居湾区的任务和具体项目。②全面提升居住水平。健全住房保障体系，实现住有所居。低收入住房困难家庭以发放住房补贴为主；政府主导的公租房主要面向新就业职工、引进人才和异地务工人员；鼓励工业园区员工宿舍配套建设，探索共有产权的新型住房保障体系。强化房地产开发经营全过程监管，严格监管商品房预售资金，实时调整限购政策，放宽限购区域和套型，促进房地产市场平稳健康的发展；发展特色文化，打造特色村居，积极开展珠海特色幸福村居创建工作。③生态安全优先。珠海市推进"三线"划定，奠定出生态安全格局，延续生态环境优势。即划定生态控制线，保护城市自然山水格局；划定城市增长边界，防止城市无序蔓延；划定基本农田保护线，确保粮食安全。推进跨界生态环境保护合作，共建区域宜居环境系统，发挥《环珠江口宜居湾区建设重点行动计划》、《粤港澳共建优质生活圈专项规划》等粤港澳区域合作平台所带来的政策便利性，推进海岛资源、生态资源保护开发和西江水源保护工作，共建区域宜居环境系统。④产业发展支撑。拓展都市型制造业产业链，提升现代服务业。充分利用横琴新区的粤港澳合作平台，打造珠澳之间具有国际滨海城市形象的十字门中央商务区，重点培育辐射珠江口西岸城市的高端生产者服务业集聚高地；强化央企经济和地方经济联动发展，把高栏港打造为国家能源和海洋工程装备制造业基地；建设具有区域影响力的航空产业港，建设多元旅游功能为一体的旅游综合体。

三、建设多民族和谐宜居城市启示

1. 科学合理规划，引领宜居城市建设

科学合理的城市规划是保障城市健康快速发展的基础。宜居城市规划具有特殊性，首先，宜居城市是城市建设规划的目标，也是城市其他行政部门的工作目标，强调了综合性。这种综合性不仅体现在宜居城市评价体系的综合性，也表现在宜居城市建设目标执行部门的综合性。其次，宜居城市规划是总体规划层面的专项规划指南，是城市总体规划的实施细则，是专项规划的统筹部署。因此，建设多民族和谐宜居城市，需要根据地域特征构建宜居性评价体系；重视公众参与；提出宜居城市总体空间布局；根据规划执行部门职责建立项目库。宜居城市建设规划强调规划成果的可操作性，采用项目库方式落实具体实施项目，构建适合城市实际情况的宜居评价标准，健全组织机制，保障规划实施的持续性（高芙蓉和李和平，2012）。

2. 大力发展经济，奠定宜居城市发展基础

经济发展是社会进步的基础。只有城市经济得到发展，才能解决城市贫困、环境污染、就业不足等一系列城市问题，才能为居民创造良好的人居硬环境，从而促进人居软环境的建设（姜煜华等，2009）。我国多民族地区由于历史的原因、特殊的地域环境因素及各民族自身的不同发展等，导致经济发展滞后，现代化发展进程缓慢。城市是区域经济发展的载体，充分挖掘本地优势资源，培养相关产业，努力打造城市特色；加快产业结构调整，以科技为引领改变企业落后状况，为宜居城市建设的发展提供动力。

3. 保护文化特色，体现城市多元文化融合

城市文化是城市个性的反映，营造多元化、包容性的城市文化是宜居城市的重要条件。宜居城市的文化特色是在维护城市文脉的基础上，融合现代文明而形成的一种特色文化环境（姜煜华等，2009）。保护历史文化遗产，加强文化建设，通过公园、娱乐、运动场所等公共设施和公共场所建设，为不同群体居民提供交流空间。立足本土文化，形成多元化、包容性的文化氛围，实现同一场所不同时代特征、不同地理位置、不同审美追求的多元文化形式的融合，提高城市生活品质和亲和力，增强城市开放度。

4. 建设优美生态空间，创造宜居之所

优美宜人的生态环境是建设宜居城市最直观的标志和象征。充分利用自然生态资源，有效组织自然景观，精心设计绿化空间，营造宜人的城市氛围，并建造多样的活动开场空间。"居者有其屋"是宜居最基本的前提，建立完善的住房保障体系是宜居城市建设的重要内容。宜居城市建设不能忽略住区环境，应重点推进社区安全、绿化、健康、文化等方面的深化和细化。加强社区的配套设施建设，并兼顾弱势群体（姜煜华等，2009）。

5. 完善公共服务设施，提升民生保障

城市公共服务设施是城市社会性服务业的依托载体（高军波和苏华，2010）。宜居城市应科学合理地配置城市公共服务设施，宜居城市的内涵，参考已有宜居城市建设标准，结合民生习惯，研究确定宜居城市教育、医疗、卫生、市政公用工程（包含交通和通信）、文化娱乐、体育、商业金融、社会福利与保障、城市绿地等公共服务设施配置项目和标准。注重社区公共服务设施的服务特征和类型，确定合理空间模式。

6. 加强城市安全建设，保障公共安全

安全保障一直是城市建设的首位需求。一个安全的城市不仅能够在环境和生态、经济和社会、文化、人身健康、资源供给、政府绩效，以及其他和城市安全相关的未知方面保持一种动态稳定与平衡协调状态，并对自然灾害和社会及经济异常或突发事件具有良好的抵御能力（姜煜华等，2009）。安全的城市提供给市民的不仅是城市的公共安全保障，还包括城市生态环境安全、城市食品安全、城市社会安全、城市生产安全、城市经济安全、城市文化安全等方面。

第三节　乌鲁木齐多民族和谐宜居城市建设重点

一、规划先行，构筑合理城市空间

2014 年 10 月，国务院批复的《乌鲁木齐市 2014—2020 年城市总体规划》提出："为实现跨越式发展和全面建设小康社会，将乌鲁木齐市建成：我国西部中心城市、面向中西亚的现代化国际商贸中心、多民族和谐宜居城市、天山绿洲生态园林城市和区域重要的综合交通枢纽。"在乌鲁木齐城市发展定位中，建设多民族和谐宜居城市是建设现代化国际商贸中心和天山绿洲生态园林城市的突破口和有效途径。乌鲁木齐市未来城市发展方向和城市用地按照"南控、北扩、先西延、后东进"的原则。向南严格控制，优化和整治；向北为主要发展方向；向西在保障生态和地质安全的前提下适度拓展；向东强化与市域北部地区的协调，预留发展空间。中心城区按照"多中心组团式"的空间发展思路，构建城北新区、高铁新区、米东区、甘泉堡工业区、西山新区、老城区六大组团。城市建设中坚持以城市规划为引领，建设高铁新区、会展区、白鸟湖、城北新区开发，积极疏解和优化老城区空间，发展旅游服务、商务办公、行政办公、文化创意等功能。完善现有城乡规划管理体系，落实现有城乡规划体系中社会规划和社区规划的内容，倡导以居民日常生活为导向的新规划模式，提高城乡规划对城市居民日常生活的关注（申悦等，2014）。通过政策性措施及市场调节的方法使各民族各阶层的人群能和谐混合居住生活，在空间上形成"大混居，小聚居"的居住分布格局，构建和谐稳定的居住环境。

二、推进"乌昌石城市群"建设，提升城市经济影响力

"乌昌石城市群"是新疆的经济核心区和产业集聚区政治中心区，具有较

强的产业支撑和技术研发实力。城市群包括乌鲁木齐市、石河子市、昌吉市、阜康市、五家渠市及呼图壁县、玛纳斯县和沙湾县5市3县，以及新疆兵团第六师和十二师的25个团场和团镇合一建制镇。乌鲁木齐市是新疆的首位城市，今后要充分发挥乌鲁木齐中心城市的服务功能和辐射带动作用，明确城市群各个城市的功能定位。乌鲁木齐要大力发展科技含量高、高附加值的深加工产业，周边城市为其提供配套产品，与周边城市形成优势互补、分工协作、协调发展的格局。发挥乌鲁木齐作为连接亚欧两大陆的重要通道和纽带作用，加强与国内外地区和城市的合作，将乌鲁木齐建成丝绸之路经济带核心区重要的交通枢纽中心、商贸物流中心、金融服务中心、文化科技中心、医疗服务中心。

三、加强文化建设，体现多元文化特征

乌鲁木齐市是新疆维吾尔自治区的首府城市，起着引领全疆文化发展的作用（姚文遐，2013）。大力推进公共文化服务体系建设，健全城乡四级公共文化体系，启动建设文化中心"六馆"（包括文化馆、博物馆、规划展示馆、图书馆、音乐厅、大剧院）、文化创意产业园、丝绸之路经济带旅游集散中心。创新基层文化内容和方式，创新社区文化建设，提升城市文化品位。重视历史文化和风貌特色保护。落实历史文化遗产保护紫线管理要求，重点保护好大小十字及建国路周边特色传统街巷、乌拉泊古城等各级文物保护单位及其周围环境。构建人工和自然有机结合，民族特色与现代风貌交相辉映的城市景观，以丝绸之路、亚洲中心、绿洲风光、西域风情、屯垦戍边为主题元素进行城市形象设计，并将这些元素融入城市建设、人文社会塑造之中（孙久文和肖春梅，2009）。大力开展社区文化活动，增强社区文化服务功能。社区文化对居民的心理、性格、行为有深刻的影响（刘艳和郭隽，2010），社区文化建设对提升各族居民群众的精神境界，增强各民族群众对国家的认同感和公民意识具有重要作用。

四、构筑生态绿心，保障城市生态安全

乌鲁木齐所处的干旱区绿洲环境决定了区域生态安全对于城市空间发展是至关重要的前提和环境保障。目前，乌鲁木齐市深入开展各项创建工作，以"2013年创建国家园林城市"、"2014年创建生态文明典范城市"和"2017年创建国家生态园林城市"为目标，提升城市生态建设水平，城市建成区绿地率、绿化覆盖率和人均公园绿地面积明显提高。2015年，乌鲁木齐市发展和改革委员会委托中国科学院新疆生态与地理研究所编制完成的《乌鲁木齐市主体功能

区规划（2015—2020 年）》构建了乌鲁木齐市"四区、四廊、一环"的生态保护空间格局："四区"为山地森林生态保育区、山前丘陵森林草地生态敏感区、绿洲农业生态建设区、荒漠沙漠生态恢复区；"四廊"为头屯河、乌鲁木齐河、水磨河、白杨河生态廊道；"一环"为围绕中心城区周边的生态绿化屏障。乌鲁木齐市的宜居城市规划建设要坚定不移地实施主体功能区规划和生态环境功能区划，在重要生态功能区、生态敏感区、脆弱区划定生态红线，并严守生态红线。构筑城乡一体化融合的生态绿地网络系统，建设现代的绿地景观生态型居住区。改变乌鲁木齐煤炭为主的能源结构，扩大天然气、风能、太阳能等清洁能源在能源结构中的比例。提高城市供热热电联产比重，大幅削减冬季二氧化硫和烟尘的排放总量，改善环境空气质量。推进工业、交通和建筑领域的节能，支持绿色建筑发展。

五、加快公共服务设施建设，改善民生

建立乌鲁木齐市设施网络完善、枢纽衔接顺畅、运输组织合理、可持续发展的市域交通运输体系。铁路重点建设兰新客运专线，新建货运外绕线、乌哈第二双线铁路、甘泉堡工业区（北区）支线；开通乌鲁木齐至石河子、阜康及吐鲁番的 3 条城际铁路；新建二工高铁站、三坪集装箱中心站等。公路进一步完善国省道公路网，重点建设绕城高速；推进客货运站达标建设，改扩建和新建乌北、花儿沟等货运物流中心。民航建设启动第二条远距离跑道和 T4 航站楼的建设。城市道路按照"快速路、主干路、次干路、支路"4 个等级，构筑"环形＋放射线"的快速路网格局。大力改善慢行交通环境，充分保障步行和非机动车道路资源，提高停车设施建设，提升城市综合交通管理水平。加快城市轨道交通建设，线网覆盖城市主要客运走廊。

要坚持以人为本，统筹安排关系人民群众切身利益的教育、医疗、市政等公共服务设施的规划布局和建设，推进城乡基本公共服务均等化。将城市保障性安居工程的建设目标纳入建设规划，确保保障性住房用地的分期供给规模、区位布局和相关资金投入，提高群众的居住和生活质量，创建宜居环境，促进居住社区的民族团结。加快社区服务设施建设，改进多民族社区建设工作。重点加快社区组织工作用房和居民公益性服务设施建设，把工作用房和公益性服务设施建设纳入乌鲁木齐市经济社会发展规划，并逐步建立起社区公共服务、保障服务、救助服务、便民利民服务等广泛服务内容的社区服务体系，形成完整的社区服务发展模式与服务站点网络（刘艳和郭隽，2010）。

六、加强城市综合预警与应急体系建设，保障城市安全

城市安全涉及城市工业危险源、城市公共场所、公共设施、突发公共卫生事件、自然灾害、道路交通、恐怖袭击和暴力活动等对城市市民生命和财产造成重大损失的各类灾害（张德友，2005），此外还包括城市灾害及预警系统、城市应急机制、城市安全规划及相关政策法规等（董晓峰等，2007）。调查表明，乌鲁木齐市缺乏高效统一的应急管理调度指挥系统，社会参与公共应急管理的程度不高；基层应急管理意识淡薄，公众普遍缺乏应对公共突发事件的认知能力（马梦砚，2010）。在多民族宜居城市建设过程中，必须加强城市综合预警系统和应急指挥体系的建设；建立城乡社会治安综合防控机制；健全包括消防、人防、防震、防风和防地质灾害等在内的城市综合防灾体系；要健全监测、预测、预报、预警和快速反应系统；强化公共安全管理理念，提高公众的自我参与、保护能力；加强专业救助抢救队伍建设，做好培训和预案演练，全面提高国家和全社会的抗风险能力；不断完善各级各类应急预案。

参 考 文 献

艾大宾，王力.2001.我国城市社会空间结构特征及演变趋势.人文地理，16（2）：7-11.

白春阳.2005.全球化视野中的"交往"理论初探.天府新论，（3）：16-18.

蔡禾，贺霞旭.2014.城市社区异质性与社区凝聚力——以社区邻里关系为研究对象.中山大学学报（社会科学版），2：133-151.

曹大为，Yan Z，李志刚.2008.温哥华城市规划编制的模式、机制与启示.域外规划，24（12）：123-127.

柴彦威.1996.以单位为基础的中国城市内部生活空间结构——兰州市的实证研究.地理研究，15（1）：30-38.

柴彦威.2000.城市空间.北京：科学出版社.

柴彦威.2014.人本视角下新型城镇化的内涵解读与行动策略.北京规划建设，06：34-36.

陈浮，陈海燕.2000.城市人居环境与满意度评价研究.人文地理，15（04）：20-23.

陈福平，黎熙元.2008.当代社区的两种空间：地域与社会网络.社会，28（5）：41-57，224-225.

陈军，成金华.2013.宜居是城市生态文明建设的根本目标.今日浙江，（22）：52.

陈企业，胡永泰，陈光炎，等.2014.全球主要城市宜居性排名-全球宜居城市指数（GLCI）.世界科技出版公司.

陈晓，叶伟华.2011.深圳低碳生态城市规划编制和实施管理探索和实践.重庆建筑，08：1-4.

陈元元，李亚军.2011.城市中少数民族居住环境分析——以乌鲁木齐市维吾尔族居民为例.科技信息，（25）：720-721，745.

陈志杰，张志斌.2015.兰州城市社会空间结构分析.兰州大学学报（自然科学版），51（2）：285-296.

楚静，王兴中，李开宇.2011.大都市郊区化下的社会空间分异、社区碎化与治理.城市发展研究，18（3）：112-116.

单菲菲.2010.西北城市多民族社区管理模式探究——以新疆伊宁市为例.城市发展研究，17（11）：66-71，81.

单菲菲，王学锋.2014.城市化背景下城市多民族社区认同研究——基于甘肃省合作市Z社区的调查.中南民族大学学报（人文社会科学版），05：27-31.

董雯，邓锋，杨宇.2011.乌鲁木齐资源型产业的演变特征及其空间效应.地理研究，30（4）：723-734.

董焕敏，徐丙洋.2011.新时期城市社区邻里关系的现状及对策分析.山西青年管理干部学院学报，24：66-69.

董慧娟. 2008. 现代城市住宅区的邻里交往. 社科纵横，23（3）：68-70.

董晓峰，王莉，游志远，等. 2007. 城市公共安全研究综述. 城市问题，148（11）：71-75.

杜立群. 2012. 北京城市总体规划实施评估. 城市管理与科技，05：34-35.

樊杰，周侃，孙威，等. 2013. 人文—经济地理学在生态文明建设中的学科价值与学术创新. 地理科学进展，32（2）：147-160.

方创琳. 2014. 中国新型城镇化发展报告. 北京：科学出版社.

风笑天. 2002. 社会调查中的问卷设计. 天津：天津人民出版社.

冯健. 2005. 北京城市居民的空间感知与意象空间结构. 地理科学，25（2）：142-154.

冯健，刘玉. 2007. 转型期中国城市内部空间重构：特征、模式与机制. 地理科学进展，26（4）：903-105.

冯健，周一星. 2003a. 北京都市区社会空间结构及其演化（1982-2000）. 地理研究，22（4）：465-483.

冯健，周一星. 2003b. 中国城市内部空间结构研究进展与展望. 地理科学进展，22（3）：304-315.

冯健，周一星. 2003c. 近20年来北京都市区人口增长与分布. 地理学报，58（06）：903-916.

冯健，周一星. 2008. 转型期北京城市社会空间分异与重构. 地理学报，63（8）：829-844.

高芙蓉，李和平. 2012. 面向实施的宜居城市建设规划方法——以《宜居莆田建设规划》为例. 规划师，28（6）：7-12，23.

高军波，苏华. 2010. 西方城市公共服务设施供给研究进展及对我国启示. 热带地理，30（1）：8-12，29.

高雅. 2011. 温哥华低碳城市政策设计. 北京规划建设，02：75-78.

耿金花，高齐圣，张嗣瀛，等. 2007. 基于层次分析法和因子分析的社区满意度评价体系. 系统管理学报，16（6）：673-677.

顾朝林，克斯特洛德C. 1997. 北京社会极化与空间分异研究. 地理学报，521（05）：385-393.

顾朝林，宋国臣. 2001. 北京城市意象空间及构成要素研究. 地理学报，56（1）：64-74.

顾朝林，王法辉，刘贵利. 2003. 北京城市社会区分析. 地理学报，58（6）：917-926.

顾林生，陈志芬，谢映霞. 2007. 试论中国城市公共安全规划与应急管理体系建设. 安全，28（11）：1-5.

顾文选，罗亚蒙. 2007. 宜居城市科学评价标准. 北京规划建设，01：7-10.

郭璨，罗文君，孔莉，等. 2015. 珠海市——实施新型城镇化战略建设国际宜居城市. 城乡建设，05：50-53，2-3，98.

何韶. 2001. 温哥华及大温地区城市发展评析，10：24-27.

胡鞍钢. 2010. 创新绿色北京实践实现绿色发展模式. 前线，01：34-35.

胡树华，曾寒．2009．城市安全预警管理系统的构建及其管理体系．科技管理研究，05：134-135．

胡序威．1998．区域与城市研究．北京：科学出版社．

黄达远．2011．乌鲁木齐城市社会空间演化及其当代启示．西北民族研究，3：70-77，135．

黄宁，崔胜辉，刘启明，等．2012．城市化过程中半城市化地区社区人居环境特征研究——以厦门市集美区为例．地理科学进展，31（6）：750-760．

黄晓军，黄馨．2013．20世纪长春城市社会空间结构演化．地理科学进展，（11）：1629-1638．

黄晓军，李诚固，庞瑞秋，等．2010．伪满时期长春城市社会空间结构研究．地理学报，65（10）：304-311．

焦开山．2014．中国少数民族人口分布及变动的空间统计分析．西南民族大学学报（人文社科版），（10）：26-32．

姜煜华，甄峰，魏宗财．2009．国外宜居城市建设实践及其启示．国际城市规划，24（4）：99-104．

雷军，张利，刘雅轩．2014a．乌鲁木齐市城市社会分异空间研究．干旱区地理，37（6）：1291-1304．

雷军，王建锋，段祖亮．2014b．基于城市地理学视角的社区居民满意度研究——以乌鲁木齐市为例．干旱区地理，37（1）：153-162．

黎甫．2007．浅谈邻里关系与社区建设．现代物业，12：87．

李志刚，顾朝林．2011．中国城市社会空间结构转型．南京：东南大学出版社．

李传武．2010．转型期我国中部特大城市社会空间结构演化研究——以合肥为例．南京：南京师范大学博士学位论文．

李丽萍，郭宝华．2006．关于宜居城市的理论探讨．城市发展研究，13（2）：76-80．

李业锦，张文忠，田山川，等．2008．宜居城市的理论基础和评价研究进展．地理科学进展，27（3）：101-109．

李东亮，唐朝荣．2008．乌鲁木齐市社区建设存在的问题及对策．中共乌鲁木齐市委党校学报，（4）：64-68．

李芬．2004．城市居民邻里关系的现状与影响因素——基于武汉城区的实证．武汉：华中科技大学硕士学位论文．

李国庆．2007．社区类型与邻里关系特质——以北京为例．江苏行政学院学报，32（2）：59-65．

李昊．2014．国外城市生态环境规划及其启示——以斯德哥尔摩和温哥华为例．《规划师》论丛，77-84．

李建盛．2015．新中国成立后北京城市性质定位对全国文化中心建设的影响．北京联合大学学报（人文社会科学版），13（3）：1-8．

李健，宁越敏．2008．西方城市社会地理学研究进展及对中国研究的意义．地理科学，28（1）：124-130．

李世杰，姚天祥．2004．试论产业结构演变与城市化的关系．地域研究与开发，22（3）：32-36．

李王鸣，叶信岳，孙于．1999．城市人居环境评价——以杭州城市为例．经济地理，19（02）：38-43．

李薇．2010．社区公共服务设施规划建设研究——以北京市为例．北京社会科学，（6）：64-69．

李小建．1987．西方社会地理学中的社会空间．地理译报，2：63-封底．

李小建，乔家君．2002．居民对生活质量评估与区域经济发展的定量分析．地理科学进展，21（5）：484-490．

李晓霞．2012．新疆快速城市化过程与民族居住格局变迁．民族社会学通讯，(117)：9-17．

李志刚，吴缚龙，高向东．2007．全球城市极化与上海社会空间分异研究．地理科学，27（3）：304-311．

李志刚，吴缚龙，卢汉龙．2004．当代我国大都市的社会空间分异——对上海三个社区的实证研究．城市规划，(06)：60-67．

李志刚，吴缚龙．2006．转型期上海社会空间分异研究．地理学报，61（02）：199-211．

梁江，孙晖．2000．可持续发展规划——西雅图市总体规划述评．国外城市规划，04：5-8．

理查德·瑞杰斯特．2002．生态城市——建设与自然平衡的人居环境．王如松等译．北京：社会科学文献出版社．

廖常君．1997．城市邻里关系淡漠的现状、原因及对策．城市问题，(2)：37-39．

刘苏衡，张力民．2008．武汉市城市社会空间结构演变过程分析．云南地理环境研究，20（3）：84-87．

刘登强，王斌，江立华．2015．论生态文明背景下我国新型城镇化建设之路．湖北社会科学，07：52-57．

刘国新．2013．深刻理解"大力推进生态文明建设"的科学论断．当代中国史研究，01：16-19．

刘佳燕．2014．关系·网络·邻里——城市社区社会网络研究评述与展望．城市规划，38（2）：91-96．

刘建梅．2012．城市品牌成长机理与培育路径研究——以"科技北京"品牌建设为例．城市发展研究，20（9）：129-131．

刘荣．2012．多民族聚居城市社区组织建设研究——对社区居委会的分析．西北民族研究，03：57-61，39．

刘维新．2007．以"三大标准"看北京宜居之路．北京规划建设，(01)：46-47．

刘筱．2006．和谐社区及城市化地区社区建设研究．科学对社会的影响，3：39-43．

刘星光，董晓峰，刘颜欣．2014．中国主要城市宜居性发展的地域差异研究．干旱区地理，37（6）：1281-1290.

刘艳，郭隽. 2010. 关于加强乌鲁木齐城市社区建设的思考. 新疆社会科学，（5）：118-121.

刘洋. 2004. 转型期广州市社会区分析. 广州：中山大学硕士学位论文.

刘玉琼. 2009. 乌鲁木齐社区文化建设调查与分析. 新疆艺术学院学报，7（1）：85-87.

卢思佳，张小雷，雷军. 2010. 新疆城市经济区划分及其影响范围. 干旱区地理，33（2）：300-305.

吕传廷，何磊，王冠贤，等. 2010. 广州宜居城市规划建设思路及实施策略. 规划师，26（9）：29-34.

吕冬娟. 2010. 新加坡：规划造就的宜居城市. 中国土地，7：57-58.

马燕，马丽. 2008. 乌鲁木齐市居民购物行为空间决策因素分析. 云南地理环境研究，2：14-18.

马梦砚. 2010. "7·5"事件后加强乌鲁木齐重点社区应急管理工作的几个问题. 新疆社会科学，（3）：132-136.

马仁锋，刘修通，张艳. 2008. 城市社会空间结构模型研究的评述. 云南地理环境研究，02：35-40.

马维军，刘德钦，刘宇. 2008. 人口 GIS 在天津市人口社会空间结构研究中的应用. 测绘科学，（01）：159-162，251.

马也，何洋洋. 2012. 民居形式变迁所引发的邻里关系变化研究——以北京市为例. 中国市场，685（22）：50-51.

孟庆晨. 2011. 网络对于邻里关系的影响. 边疆经济与文化，85（1）：118-119.

宁越敏，查志强. 1999. 大都市人居环境评价和优化研究——以上海为例. 城市规划，23（06）：15-20.

帕克·迪克逊·戈瓦斯特，沈佳. 2007. 城市和"社区"：罗伯特·帕克的都市理论. 都市文化研究，（2）：146-160.

庞瑞秋，庞颖，刘艳军. 2008. 长春市社会空间结构研究——基于第五次人口普查数据. 经济地理，（03）：437-441.

钱树伟，苏勤，郑焕友，等. 2010. 历史街区顾客地方依恋与购物满意度的关系——以苏州观前街为例. 地理科学进展，29（3）：355-362.

求煜英，宁越敏. 2014. 中国分省首位度研究. 上海：华东师范大学硕士学位论文.

任志远. 2005. 关于宜居城市的拙见. 城市发展研究，（04）：33-36.

瑞·福里斯特. 2008. 谁来关注邻里. 张大川译. 国际社会科学杂志（中文版），（2）：128-142.

申悦，柴彦威，马修军. 2014. 人本导向的智慧社区的概念、模式与架构. 现代城市研究，10：13-17.

史兴民. 2012. 陕西省韩城煤矿区居民环境污染调适行为. 地理科学进展，31（8）：1106-1113.

舒晓虎，陈伟东，罗朋飞 .2013. "新邻里主义"与新城市社区认同机制——对苏州工业园区构建和谐新邻里关系的调查研究 . 社会主义，210（4）：147-153.

宋言奇 .2004. 城市社区邻里关系的空间效应 . 城市问题，05：47-50.

苏玲，陶承洁 .2012. 借鉴新加坡经验构建宜居南京城 . 江苏城市规划，215（10）：23-27，43.

孙久文，肖春梅 . 2009. 乌鲁木齐城市功能定位实现途径研究 . 城市发展研究，10：65-70.

孙龙，雷弢 .2007. 北京老城区居民邻里关系调查分析 . 城市问题，02：56-59.

唐先滨，周永华 .2010. 乌鲁木齐市郊少数民族聚居社区生活状况调查——以乌鲁木齐光明社区为例 . 新疆职业大学学报，18，（3）：7-10.

唐晓云，吴忠军 .2006. 农村社区生态旅游开发的居民满意度及其影响——以广西桂林龙脊平安寨为例 . 经济地理，26（5）：879-883.

唐子来 .1997. 西方城市空间结构研究的理论和方法 . 城市规划学刊，6：1-11.

陶玉国，赵会勇，李永乐 .2010. 基于结构方程模型的城市旅游形象影响因素测评 . 人文地理，25（6）：125-130.

田山川 .2008. 国外宜居城市研究的理论与方法 . 经济地理，28（04）：535-538，547.

汪明峰 .2001. 中国城市首位度的省际差异研究 . 现代城市研究，88（3）：27-30.

汪清，苗文玉 .2005. 构建和谐社会的"三大和谐"论纲 . 学术探索，03：44-48.

汪侠，顾朝林，梅虎，等 .2005. 旅游景区顾客的满意度指数模型 . 地理学报，60（5）：807-816.

汪侠，甄峰，吴小根，等 .2010. 旅游开发的居民满意度驱动因素——以广西阳朔县为例 . 地理研究，29（5）：841-851.

王丹娜，胡振宇 . 2010. 新加坡组屋的规划建设及其启示 . 住宅科技，05：18-21.

王丹 .2011. 中东欧"后社会主义"转型城市空间结构研究述评 . 国际城市规划，26（2）：60-66.

王德，张昀，崔昆仑 .2009. 基于 SD 法的城市感知研究——以浙江台州地区为例 . 地理研究，06：1528-1536.

王俊秀 .2013. 中国社会心态研究报告 2012-2013（社会心态蓝皮书丛书）. 北京：社会科学文献出版社 .

王开泳，肖玲，王淑婧 .2005. 城市社会空间结构研究的回顾与展望 . 热带地理，01：28-32.

王平，李江宏 .2013. 乌鲁木齐市多民族混合社区建设研究 . 中南民族大学学报（人文社会科学版），33（4）：10-15.

王世营，诸大建，臧漫丹 .2010. 走出宜居城市研究的悖论：概念模型与路径选择 . 城市规划学刊，186（1）：42-48.

王兴中 .2000. 中国城市社会空间结构研究 . 北京：科学出版社 .

王兴中 . 2004. 中国城市生活空间结构研究 . 北京：科学出版社 .

王铮，夏海斌，吴静 . 2010. 普通地理学 . 北京：科学出版社 .

王志远 . 2010. 多民族聚居社区管理探索 . 中共乌鲁木齐市委党校学报，（3）：57-58.

魏立华，闫小培 . 2006. 有关"社会主义转型国家"城市社会空间的研究述评 . 人文地理，90（4）：7-12.

魏立华，闫小培 . 2006. 1949～1987 年（重）工业优先发展战略下的中国城市社会空间研究——以广州市为例 . 城市发展研究，13（2）：13-19.

乌鲁木齐市统计局 . 2011. 乌鲁木齐统计年鉴 2011. 北京：中国统计出版社 .

乌鲁木齐市统计局 . 2012. 乌鲁木齐统计年鉴 2012. 北京：中国统计出版社 .

乌鲁木齐市统计局 . 2013. 乌鲁木齐统计年鉴 2013. 北京：中国统计出版社 .

吴骏莲，顾朝林，黄瑛，等 . 2005. 南昌城市社会区研究——基于第五次人口普查数据的分析 . 地理研究，（04）：611-619.

吴启焰 . 2001. 大城市居住空间分异理论与实证研究 . 北京：科学出版社 .

吴启焰，崔功豪 . 1999. 南京市居住空间分异特征及其形成机制 . 城市规划，23（12）：23-35.

吴启焰，吴小慧，Guo C，等 . 2013. 基于小尺度五普数据的南京旧城区社会空间分异研究 . 地理科学，33（10）：1196-1205.

伍俊辉，杨永春，宋国锋，等 . 2007. 兰州市居民居住偏好研究 . 干旱区地理，30（3）：444-449.

新疆维吾尔自治区统计局 . 2014. 新疆维吾尔自治区统计年鉴 2014. 北京：中国统计出版社 .

夏征农，陈至立 . 2010. 辞海（2009 版）. 上海：上海辞书出版社 .

肖荣波，蔡云楠，叶长青，等 . 2009. 国内外宜居城市研究的热点与趋势 . 城市导刊，2.

谢宝玲 . 2008. 人与人之间的和谐是社会和谐的基础 . 新西部月刊，01：13.

邢兰芹，王慧，曹明明 . 2004. 1990 年代以来西安城市居住空间重构与分异 . 城市规划，28（4）：68-73.

邢晓明 . 2007. 城镇社区和谐邻里关系的社会学分析 . 学术交流，165（12）：163-165.

熊黑钢，邹桂红，崔建勇 . 2010. 基于 GIS 的乌鲁木齐城市用地空间结构变化研究 . 地理科学，1：89-94.

徐旳，朱喜钢，李唯 . 2009a. 西方城市社会空间结构研究回顾及进展 . 地理科学进展，28（1）：93-102.

徐旳，汪珠，朱喜钢，等 . 2009b. 南京城市社会区空间结构——基于第五次人口普查数据的因子生态分析 . 地理研究，（02）：484-498.

许学强，胡华颖，叶嘉安 . 1989. 广州社会空间的因子生态分析 . 地理学报，4（4）：385-397.

许学强，周一星，宁越敏 . 1997. 城市地理学 . 北京：高等教育出版社 .

宣国富，徐建刚，赵静．2006．上海市中心城社会区分析．地理研究，（03）：526-538．

宣国富，徐建刚，赵静．2010．基于 ESDA 的城市社会空间研究——以上海市中心城区为例．地理科学，30（01）：22-29．

薛凤旋．1996．北京：由传统国都到社会主义首都．香港：香港大学出版社．

薛梅，董锁成，李宇．2009．国内外生态城市建设模式比较研究．城市问题，165（4）：71-75．

闫文鑫．2010．现代住区邻里关系的重要性及其重构探析——基于社会交换理论视角．重庆交通大学学报（社科版），10（3）：28-30，44．

扬·盖尔．2002．交往与空间（四版）．何人可译．北京：中国建筑工业出版社．

杨贵华，钟爱萍．2007．改善睦邻关系重建邻里网络——厦门市社区邻里关系调查分析．福建行政学院福建经济管理干部学院学报，105（5）：93-97．

杨卡．2010．新城住区邻里交往问题研究——以南京市为例．重庆大学学报（社会科学版），16（3）：125-130．

杨上广．2006．中国大城市社会空间的演化．上海：华东理工大学出版社．

姚文遐．2013．乌鲁木齐市文化建设思考．新疆职业大学学报，21（4）：1-5．

叶立梅．2007．和谐社会视野中的宜居城市建设．北京规划建设，01：18-20．

易峥，阎小培，周春山．2003．中国城市社会空间结构研究的回顾与展望．城市规划汇刊，143（1）：21-24．

于维诚．1986．新疆建制沿革与地名研究．乌鲁木齐：新疆人民出版社．

虞蔚．1986．西方城市地理学中的因子生态分析．国外人文地理，2：36-39．

张朝雄．2006．建宜居城市先从宜居社区抓起（上）．社区，15：13-14．

张德友．2005．城市安全与和谐社区建设．法制论丛，（5）：25-28．

张国庆．2014．沈阳市社会空间结构及其形成机制研究．长春：东北师范大学硕士学位论文．

张鸿雁．2002．论当代中国城市社区分异与变迁的现状及发展趋势．规划师论坛，（8）：18-19．

张景秋．2010．北京的文化包容性与世界城市建设．北京规划建设，05：39-41．

张景秋，郭捷．2011．北京城市办公活动空间满意度分析．地理科学进展，30（10）：1225-1232．

张婧远，陈伟劲，马学广，等．2013．基于生态经济视角的宜居城市建设路径研究——以珠海市为例．国际城市规划，28（3）：46-54．

张利，雷军，张小雷，等．2012．乌鲁木齐城市社会区分析．地理学报，（06）：817-828．

张文忠．2007．宜居城市的内涵及评价指标体系探讨．城市规划学刊，129（3）：30-34．

张文忠．2008．未来城市，宜居是标准．中国报道，（7）：76-78．

张文忠，尹卫红，张景秋，等．2006．中国宜居城市研究报告．北京：社会科学文献出版社．

张小雷,雷军.2006.水土资源约束下的新疆城镇体系结构演进.科学通报,51(增刊):148-155.

张学东.2007.从传统到现代:建国以来城市邻居关系的变迁.社科纵横,22(5):58-59.

赵红.2012.从《乌鲁木齐杂诗》看清中期新疆移民的文化生活.名作欣赏,400(7):149-150.

赵东霞,卢小君,柳中权,等.2009.影响城市居民社区满意度因素的实证研究.大连理工大学学报(社会科学版),30(2):66-71.

赵东霞,卢小君.2012.城市社区居民满意度评价研究——以高档商品房社区和旧居住社区为例.大连理工大学学报(社会科学版),33(2):93-98.

赵勇.2007.国内"宜居城市"概念研究综述.城市问题,147(10):76-78.

郑静,许学强,陈浩光.1994.广州市的人口结构的空间分布特征分析.热带地理,14(2):133-142.

郑静,许学强,陈浩光.1995.广州市社会空间的因子生态在分析.地理研究,14(2):15-25.

郑凯,金海龙,贾丽娟,等.2009.城市中少数民族购物活动时空特征——以乌鲁木齐市维吾尔族为例.云南地理环境研究,21(3):16-21.

中国城市规划设计院.2011.乌鲁木齐市城市总体规划.乌鲁木齐市用地空间演变专题.

中华人民共和国国家统计局.2012.中国统计年鉴-2012.北京:中国统计出版社.

周长城,邓海骏.2011.国外宜居城市理论综述.合肥工业大学学报(社会科学版),25(04):62-66.

周春山,刘洋,朱红.2006.转型时期广州市社会区分析.地理学报,61(10):1046-1056.

周春山.2007.城市空间结构与形态.北京:科学出版社.

周春山,叶昌东.2013.中国城市空间结构研究评述.地理科学进展,32(7):1030-1038.

周侃,蔺雪芹,申玉铭,等.2011.京郊新农村建设人居环境质量综合评价.地理科学进展,30(3):361-368.

周晓虹.1998.现代社会心理学.上海:上海人民出版社.

祝俊明.1995.上海市人口的社会空间结构分析.中国人口科学,(04):21-30.

邹小华.2012.快速城市化时期西安城市社会空间结构探析.西安:西安外国语大学硕士学位论文.

Anderson T R, Bean L L. 1961. The Shevky-Bell social areas: confirmation of results and reinterpretation. Social Forces, 40 (2): 119-124.

Asami Y. 2001. Residential Environment: Methods and Theory for Evaluation. Tokyo: University of Tokyo Press.

Ashfaq U, Chimegawe T, Bishop S, et al. 2010. Resident satisfaction and dissatisfaction with outpatient continuity clinics. Journal of General Internal Medicine, 25: 385.

Bell W. 1955. Economic, family and ethnic status: an empirical test. American Sociological Review, 20 (1): 45-52.

Berkoz L, Kellekci O L. 2007. Mass housing: residents satisfaction with their housing and environment. Open House International, 32 (1): 41-49.

Berry B J L, Tennant R J , 1965, Metropolitan Planning Guidelines: Commercial Structure, Northeastern Illinois Planning Commission.

Bourne L S. 1977. Internal Structure of the City. New York: Oxford University Press.

Brodaty H, Draper B, Low L F, et al. 2003. Nursing home staff attitudes towards residents with dementia: strain and satisfaction with work. Journal of Advanced Nursing, 44 (6): 583-590.

Burgess E W. 1925. The Growth of The City//Park R E. The City. Chicago: Chicago University Press: 18: 85-97.

Carey G W. 1966. The regional interpretation of Manhattan population and housing patterns through factor analysis. The Geographical Review, 56: 551-569.

Casellati A. 1997. The Nature of Livability//Lennard S H, Von Ungern-Sternberg S, Lennard H L. Making Cities Livable. International Making Cities Livable Conferences. California: Gondolier Press.

Davies W K D, Lewis G J. 1983. The urban dimensions of Leicester, England. Social Patterns in Cities, 5: 71-86.

Davies W K D, Murdie R A. 1991. Consistency and differential impact in urban social dimensionality: Intra-urban variations in the 24 metropolitan areas of Canada. Urban Geography, 12 (1): 55-79.

Dong W, Zhang X L, Wang B, et al. 2007. Expansion of Urumqi urban area and its spatial differentiation. Science in China Series D, (1): 159-168.

Douglass M. 2002. From global intercity competition to cooperation for livable cities and economic resilience in Pacific Asia. Environment and Urbanization, 14 (1): 53-68.

Evans P. 2001. Political strategies for more livable cities: lessons from six cases of development and political transition. City Review, Jun: 203-229.

Ferras R. 1977. Les autres Catalans: Le Prolétariat urban à Barcelone. Revue Géographique des Pyréné-es et du Sud-Quest, 48: 191-198.

Friedmann J, Wolf G. 1982. World city formation: an agenda for research and action. International Journal of Urban and Regional Research, 6: 309-344.

Gastelaars R V E, Beek W F. 1972. Ecologishe Differentiatie Binnen Amsterdam: Een Factoranalytische Benadering. Tijdschift voor Economische en Sociale Geografie fie, 63: 62-78.

Gächeter E. 1978. Untersuchungen zur kleinräumigen Bevölkerungs, Wohnund Arbeitsplatzstruktur der Stadt Bern. Geograpuica Helvetica，33：1-6.

Gu C L，Wang F ，Liu G L．2005. The structure of social space in Beijing in 1998：a so-cialist city in transition．Urban Geography ，26（2）：167-192.

Hahlweg D. 1997. Seven Aims for the Livable City//Lennard S H，Von Ungern-Sternberg S，Lennard H L. Making Cities Livable. International Making Cities Livable Conferences. California：Gondolier Press.

Harris C D，Ullman E L. 1945. The nature of cities. The Annals of the American Acade-my of Political and Social Science，CCXII，（242）：7-17.

Helene B．2006. The socio residential dynamic of a Latin American city：Puebla，Mexico．Cahiers de geographic du Quebec，50（139）：45-63.

Herbert D T. 1967. Social area analysis：a British study．Urban study，6：41-60.

Hoyt H. 1939. The Structure and Growth of Residential Neighbourhoods in American Cit-ies . Washington D C：Government Printing Office.

Hunter A. 1982. Symbolic Communities：the Pemistence and Change of Chicago's Local Communities．Chicago and London：The University of Chicago Press.

Jackson P. 1996. Social geography：convergence and compromise．Progress in Human Ge-ography，20（2）：27-34.

Jefferson M. 1939. The law of the primate city. Geographical Review，29：226-232.

John R W，Arthur C，Allan G H，et al．2004. The fertility transition in Egypt：intraur-ban patterns in Cairo．Anals of the Association of American Geographers，94（1）：74-93.

Jones F L. 1965．A social profile of Canberra 1961．The Australian and New Zealand Journal of Sociology，1：107-120.

Kevin L．1960. Image of the City．USA：The MIT Press，Harvard University.

Kesteloot C. 1980. De Ruimtelijke Sociale Strukuur van Brussel Hoofdstad. Acta Geo-graphical Lovaniensia，19：28-41.

Knox P L. 1995. Urban Social Geography. London Scientific &-Technical.

Kreth R. 1977. Sozialr? umliche Gliederung von Mainz. Geographische Rundschau，29：142-140.

Lancaster J E. 1965. The Segregation and Integration of Provincial and International Mi-grants in Lyon. Ph. D thesis，University of Sheffield.

Lando F. 1978. La struttura socio-economica veneziana：un tentative d'analisi. Rivista Ve-neta，12：125-140.

Lennard H L. 1997. Principles for the Livable City//Lennard S H，Von Ungern-Sternberg S，Lennard H L. Making Cities Livable. International Making Cities Livable Conferences. California：Gondolier Press.

Li Z G，Wu F L. 2008. Tenure-based residential segregation in post-reform Chinese cities：

a case study of Shanghai. Transactions of the Institute of British Geographers, 33 (3): 404-419.

Lo C P. 1986. The evolution of the ecological structure of Hongkong: implications for planning and future development. Urban Geography, 7 (04): 311-335.

Lo C P. 2005. Decentralization and polarization: contradictory trends in Hong Kong's postcolonial social landscape. Urban Geography, 26 (01): 36-60.

Mattiessen C W. 1972. Befolknings-og boligstrukturen I Kobenhavns commune belyst ved en principal-component analysis. Geografisk Tidsskrift, 71: 1-7.

McElrath D C. 1962. The social areas of Rome: a comparative American. Sociological Review, 27: 376-391.

Nunkoo R, Ramkissoon H. 2011. Residents' satisfaction with community attributes and support for tourism. Journal of Hospitality & Tourism Research, 35 (2): 171-190.

Osborne K, Ziersch A M, Baum F E, et al. 2012. Australian Aboriginal Urban Residents' Satisfaction with Living in Their Neighbourhood: Perceptions of the Neighbourhood Socio-cultural Environment and Individual Socio-demographic Factors. Urban Studies, 49 (11): 2459-2477.

Pacione M. 2011. Models of urban land use structure in cities of the developed world. Geography, 86 (2): 97-119.

Perle E D. 1981. Perspectives oil the change ecological structure of suburbia. Urban Geography, 2 (3): 237-254.

Potter J, Cantarero R. 2006. How does increasing population and diversity affect resident satisfaction? A small community case study. Environment and Behavior, 38 (5): 605-625.

Raje D V, Wakhare P D, Deshpande A W, et al. 2001. An approach to assess level of satisfaction of the residents in relation to SWM system. Waste Management & Research, 19 (1): 12-19.

Rand E C, Hirano S, Kelman I, et al. 2011. Post-tsunami housing resident satisfaction in Aceh. International Development Planning Review, 33 (2): 187-211.

Register R. 1987. Ecocity Berkeley: Building Cities for a Health Future. North Atlantic Books, SUA.

Robert A M. 1969. Factorial Ecology of Metropolitan Toronto 1951-1961: An Essay on the Social Geography of the City. Chicago: Chicago University Press.

Rowland R H. 1992. Selected urban population characteristics of Moscow. Post-Soviet Geography, 33 (9): 569-590.

Salzano E. 1997. Seven Aims for the Livable City//Lennard S H, Von Ungern-Sternberg S, Lennard. H L. Making Cities Livable. International Making Cities Livable Conferences. California: Gondolier Press.

Sasson S. 2001. The impact of ethnic identity upon the adjustment and satisfaction of Jewish and African American residents in a long-term care facility. Social Work in Health Care, 33 (2): 89-104.

Sauberer M, Cserjan K. 1972. Sozialraumliche Gliederung Wien 1961: Ergebnisse einer Faktorenanalyse. Der Au fbau, 27: 284-306.

Schmid C F, Tagashira K. 1964. Ecological and demographic indices: a methodological analysis. Demography, 1: 194-211.

Shevky E, Williams M. 1949. The Social Areas of Los Angeles. Berkeley and Los Angeles: The University of California Press.

Sirgy M J, Rahtz D R, Cicic M, et al. 2000. A method for assessing residents' satisfaction with community-based services: a quality-of-life perspective. Social Indicators Research, 49 (3): 279-316.

Soja E W. 1980. The socio-spacial dialectic. Annals of the association of American Geographers, 70 (2): 207-225.

Sulaiman Z, Ali A. S, et al. 2012. Abandoned housing project: assessment on resident satisfaction toward building quality. Open House International, 37 (3): 72-80.

Sweeter F L. 1962. Patterns of Change in the Social Ecology of Metropolitan Boston: 1950 ~ 1960. Boston: Massachuusetts Department of Mental Health.

Timmer V, Seymoar N K. 2006. The World Urban Forum 2006: Vancouver Working Group Discussion Paper: the livable city.

Tsutsui Y, Hachisuka K, Matsuda S. 2001. Items regarded as important for satisfaction in daily life by elderly residents in Kitakyushu, Japan. Journal of UOEH, 23 (3): 245-254.

Van Arsdol M D, Camilleri S F, Schmid C F. 1958. The Generality of urban social area indexes. American Sociological Review, 23 (6): 277-284.

Wu F L, Li Z G. 2005. Sociospatial differentiation: processes and spaces in subdistricts of Shanghai. Urban Geography, 26: 2, 137-166.

Yeh A G O, Wu F L 1995. Internal structure of Chinese citiesin the midst of economic reform. Urban Geography, 16 (6): 521-554.

Zolnik E J. 2011. Growth management and resident satisfaction with local public services. Urban Geography, 32 (5): 662-681.

附录 调查问卷

1. 社区居民调查问卷（汉语）

编号＿＿＿＿＿＿＿＿＿＿＿

亲爱的乌鲁木齐居民您好！我们是中国科学院新疆生态与地理研究所的研究生，为更好地了解居民的居住、生活状况，以及对城市建设和发展的要求，特做以下问卷调查。本问卷采用匿名方式，仅作为科研资料使用，绝不侵犯您的个人隐私（请您在符合自身情况的选项□内打√）。

非常感谢您的支持和配合，祝您一切顺利，心情愉快！

您的基本信息

您目前居住在＿＿＿＿＿＿＿＿＿街道＿＿＿＿＿＿＿＿＿社区（小区）

（1）性别：□男　□女　　（2）年龄：＿＿＿＿＿岁

（3）文化程度：

□小学或以下　□初中　□高中　□中专　□大专　□大学　□研究生

（4）民族：

□汉族　　　　□维吾尔族　　　□哈萨克族　　　□回族

□蒙古族　　　□满族　　　　　□壮族　　　　　□其他

（5）职业：

□公务员　　　□企事业管理人员　　□专业/文教技术人员

□服务/销售/商贸人员　　□工人　　□农民　　□军人

□离退休人员　　□学生　　□其他

（6）您的工作单位性质：

□国有企业　□私营企业　□集体企业　□科研卫生文教单位

□政府部门和军队　□个体业　其他＿＿＿＿＿＿＿＿

（7）您的工作地点：＿＿＿＿＿＿＿＿区＿＿＿＿＿＿＿路（街），单位名称：＿＿＿＿＿＿＿＿＿＿＿＿＿＿。

（8）您的家庭构成：

□单身　□两口　□三口　□四口　□五口及以上

（9）家庭经济收入来源：

□自己工作　□家人工作　□居民分红　□投资收入（股市、地产）

□租金收入　　□退休金　　　□低保　　　　□伤残金

（10）家庭月收入：

□1000 元以下　　　　□1001～2000 元　　　□2001～3000 元

□3001～4000 元　　　□4001～5000 元　　　□5001～6000 元

□6001～8000 元　　　□8001～10000 元　　　□10001～20000 元

□20000 元以上

您的居住状况

（1）在乌鲁木齐居住多久：

□不足 1 年　□1～5 年　□6～10 年　□11～15 年　□15 年以上

（2）您在当前居住地居住时间：

□不足半年　　□不足 1 年　　□1～2 年　　□3～5 年　　□6～10 年

□11～15 年　　□15 年以上

（3）您现在居住的房子是：

□平房　　□自建低层住宅　　□多层住宅　　□多层电梯住宅

□高层住宅　　□别墅　　□其他

（4）您的住宅户型是？

□一室户　　　□一室一厅　　□两室户　　　□两室一厅

□两室两厅　　□三室一厅　　□三室两厅　　□其他

（5）您现在住房的性质是：

□租赁房　□房改房　□经济适用房　□商品房　□拆迁回迁房

（6）您的居住形式：

□购买　□自建　□租住　□合租　□其他

（7）房屋产权所有：

□父母享有产权　　□自己享有产权　　□租赁　□其他

（8）您认为购房的决定性因素是：

□房屋价格　　　□交通畅达性　　　□自然环境

□人文环境　　　□区位因素　　　　□户型设计

（9）住房对您来说意味着什么：

□仅仅是吃饭、睡觉、休息的地方　　　　□家的感觉，给我归属感

□一件特别的商品，具有保值增值的功能　　□身份、地位的象征

（10）目前有搬迁的想法或打算吗？

□非常想　　□偶尔想　　□随便　　□不想　　□从来不想

（11）您在什么情况下，决定迁居（多选）：

□收入增加　　□房价下降　　□拥有私家车　　□旧房拆迁

□单位搬迁/工作调整　　　□家庭调整（结婚/孩子上学等）

□其他（请补充）＿＿＿＿＿＿

（12）迁居选址上，您考虑哪些因素（多选）：

□上下班方便　　□购物方便　　□娱乐方便　　□环境幽雅

□社区文明　　□子女上学方便　　□就医方便　　□家庭方便

□其他（请补充）＿＿＿＿＿＿

（13）如果您的家庭年收入达到 30 万元或更多，并且您家拥有私家车，你会选择在乌鲁木齐何地居住：（铁路局、友好、南湖、二道桥、火车站、西门、中山街、明园、鲤鱼山、农机厂、华美花园、地质队、胜利花园、日光小区、东方花园、三星园）

您的居住满意度

（1）日常出行交通便捷程度的感受：

□非常不方便　　□不方便　　□一般　　□比较方便　　□非常方便

（2）当前住房面积的感受：

□非常不满意　　□不满意　　□一般　　□比较满意　　□非常满意

（3）小区及周边配套设施满意度（医疗、教育、休闲娱乐等）：

医疗设施：□非常不满意　　□不满意　　□一般

　　　　　□比较满意　　□非常满意

教育设施：□非常不满意　　□不满意　　□一般

　　　　　□比较满意　　□非常满意

休闲娱乐：□非常不满意　　□不满意　　□一般

　　　　　□比较满意　　□非常满意

总体满意度：□非常不满意　　□不满意　　□一般

　　　　　　□比较满意　　□非常满意

（4）小区物业管理水平：

□非常不满意　　□不满意　　□一般　　□比较满意　　□非常满意

（5）小区邻里关系状况：

□非常不满意　　□不满意　　□一般　　□比较满意　　□非常满意

（6）小区社区文化活动：

□非常不满意　　□不满意　　□一般　　□比较满意　　□非常满意

（7）小区周边环境：

☐非常不满意　　☐不满意　　☐一般　　☐比较满意　　☐非常满意

（8）小区网络设施状况：

☐非常不完善　　☐不完善　　☐一般　　☐比较完善　　☐非常完善

（9）小区周边治安状况：

☐非常不满意　　☐不满意　　☐一般　　☐比较满意　　☐非常满意

（10）居住在该小区：

☐根本没优越感　　☐无优越感　　☐一般　　☐优越感弱　　☐优越感强

（11）是否打算从该小区迁出：

☐不会　　☐暂时不会　　☐没考虑过　　☐可能会　　☐一定会

您的邻里关系

（1）您是否认为邻里交往有意义：

☐有意义　　　☐一般　　　☐没意义

（2）您和邻居是否有往来：

☐经常　　　☐偶尔　　　☐很少　　　☐从不

（3）您跟多少邻居有经常性的往来：

☐0家　☐1家　☐2～3家　☐4家　☐4家以上

（4）跟邻居的交往仅限于：

☐见面打招呼　　☐借用东西　　☐在住处附近聊天　　☐到彼此家坐坐

☐一同出行（上班、购物或送小孩上学）

（5）您对小区内人际关系的总体评价是：

☐彼此不友善　　☐各管各的、很冷漠　　☐彼此友善　　☐互相照顾

（6）您认为跟其他小区居民交往有无必要：

☐有必要　　　☐无所谓　　　☐没必要

（7）您愿意跟其他小区的居民交往吗？

☐非常愿意　　　☐看情况　　　☐不愿意

（8）您给其他小区成员是否有往来：

☐经常　　　☐偶尔　　　☐很少　　　☐从不

（9）您跟其他小区成员的交往仅限于：

☐见面打招呼　　☐在住宅附近聊天　　☐互相串门　　☐相互帮助

（10）您跟其他小区人交往时，感觉是：

☐优越感　　　☐自卑感　　　☐平等的相处

（11）您平时主要与哪些人交往：

□同事　　□同学　　□朋友　　□亲戚　　□老乡　　□邻居　　□其他

（12）您愿意在不同收入水平、社会地位混合居住的小区买房吗？

□愿意　　　□可以接受　　　□无所谓　　　□不愿意

（13）您愿意在不同民族混合居住的小区买房吗？

□愿意　　　□可以接受　　　□无所谓　　　□不愿意

（14）您可以接受在哪个层次上跟比自己收入高、社会地位高的人居住在一起：

□同一栋楼　　　　□同一个住宅小区　　　　□同一个社区

□同一个街道　　　□更大的片区

（15）您可以接受在哪个层次上跟比自己收入低、社会地位低的人居住在一起：

□同一栋楼　　　　□同一个住宅小区　　　　□同一个社区

□同一个街道　　　□更大的片区

（16）您可以接受在哪个层次上跟其他民族（汉族、维吾尔族、回族、哈萨克族等，选一个）的人居住在一起：

□同一栋楼　　　　□同一个住宅小区　　　　□同一个社区

□同一个街道　　　□更大的片区

您的日常行为

（1）您的工作地和居住地之间的距离：＿＿＿＿＿＿＿＿千米

（2）您去工作时采用的通勤工具是（可多选）：

□步行　　　　□自行车　　　□公交车

□单位车　　　□摩托车　　　□私家车　　　□其他

（3）到工作地需要时间：

□不足 10 分钟　　□10～20 分钟　　□20～30 分钟

□30～60 分钟　　□1 小时以上

（4）您家购物情况：

蔬菜食品类：在＿＿＿＿＿＿＿区＿＿＿＿＿＿＿街（路）购买，商店名称是＿＿＿＿＿＿，离家约＿＿＿＿米，平均每周＿＿＿＿＿＿次，购物采用交通方式是＿＿＿＿＿。

日常用品类：在＿＿＿＿＿＿区＿＿＿＿＿＿街（路）购买，商店名称是＿＿＿＿＿，离家约＿＿＿＿米，平均每周＿＿＿＿＿＿次，购物采用交通方式是_____。

衬衣袜子类：在_____ 区_____ 街（路）购买，商店名称是_____，离家约_____米，平均每月_____次，购物采用交通方式是_____。

西装外衣类：在_____ 区_____ 街（路）购买，商店名称是_____，离家约_____米，平均每年_____次，购物采用交通方式是_____。

家用电器类：在_____ 区_____ 街（路）购买，商店名称是_____，离家约_____米，平均每年_____次，购物采用交通方式是_____。

（5）您子女就读的学校位于：_____ 区_____ 街（路），学校名称是_____，离家约 _____米，送子女上学采用交通方式是_____。

（6）家庭成员就医看病常去：_____区_____ 街（路），医院诊所名称是_____，离家约_____米，平均每年_____次，采用交通方式是_____。

（7）您家银行储蓄常去：_____ 区_____ 街（路），银行名称是_____ ，离家约_____米，平均每年_____次，采用交通方式是_____。

（8）休闲娱乐常去公园位于：_____ 区_____ 街（路），公园名称是_____，离家约_____米，平均每年_____次，采用交通方式是_____。

（9）您是否去清真寺礼拜：□常去　　　□偶尔去　　　□不去

清真寺位于_____，名称_____，每月_____次，采用交通方式是_____。

您生活的社区最需要增加哪些硬件设施和服务机构？您对居住社区未来的健康发展有什么好的建议：

_____

_____

_____

_____

再次感谢您的热情支持与配合，祝您心情愉快！

2. 社区总体情况调查

＿＿＿＿＿＿社区基本情况调查

附表 1　社区总体状况

	总户数	总人口	常住人口	流动人口	备注（民族构成）
内容					

（1）社区居民收入状况：＿＿＿＿＿＿＿＿＿＿＿＿＿＿＿＿＿＿＿＿＿＿

（2）社区居民群体：＿＿＿＿＿＿＿＿＿＿＿＿＿＿＿＿＿＿＿＿＿＿＿＿

（3）社区夜间保安定期巡逻情况：＿＿＿＿＿＿＿＿＿＿＿＿＿＿＿＿＿

（4）社区居民文化活动中心使用情况：＿＿＿＿＿＿＿＿＿＿＿＿＿＿＿

（5）社区内、外交通状况：＿＿＿＿＿＿＿＿＿＿＿＿＿＿＿＿＿＿＿＿

（6）社区工作可以给居民提供哪些服务和帮助？

（劳动法律知识讲座、健康卫生知识讲座、子女学习辅导、计划生育宣传、就业创业服务信息宣传、家庭关系处理、维吾尔语等民族语言培训、政府新政策讲座和宣传、电脑技能培训、娱乐活动、职业安全健康知识培训、异性交友联谊会、老人活动、职业岗位培训、免费阅读报刊和杂志，其他＿＿＿＿＿＿＿）

（7）社区居委会部门设置情况：＿＿＿＿＿＿＿＿＿＿＿＿＿＿＿＿＿

（8）物业部门和社区居委会关系：＿＿＿＿＿＿＿＿＿＿＿＿＿＿＿＿＿

（9）社区卫生工作是如何安排的：＿＿＿＿＿＿＿＿＿＿＿＿＿＿＿＿＿

（10）社区特色：＿＿＿＿＿＿＿＿＿＿＿＿＿＿＿＿＿＿＿＿＿＿＿＿

附表 2　社区地理位置

	内容	备注
占地面积	办公面积：	轮廓简图
地理位置	东至： 西至： 南至： 北至：	

附表 3　社区内单位分布

内容	性质	数量	员工规模	备注
社区内单位	企业			
	政府机关			
	事业单位			
	教育机构			
	商业机构			
	医疗机构			
	社会服务机构			

附表 4　社区组织机构分布情况

类型	数量	名称	性质	形成方式	活动方式	经费来源
管理类						
服务类						
娱乐类						
学习类						
健身类						
中介类						

注：组织机构性质包括政府型、事业型、自治型三种；形成方式包括管理机构组建、自发组建两种；活动方式包括管理机构组织、自发组织两种；经费来源包括管理机构拨款、自筹、其他资助三种

社区总体情况介绍（社区来源、历史、社区发展面临问题、社区未来发展的设想等）：

社区主要存在的问题及社区急需解决的问题：

附表 5　社区设施情况统计

设施名称	数量	规模	分布特征
小卖部			
水果肉类市场			
百货店			
小餐馆			
超市			
银行			
幼儿园			
小学			
初中			
高中			
职业学校			
成人大学（夜大学）			
药店（私人门诊）			
单位医院			
社区医疗服务中心			
邮局			
公交汽车站			
公共电话亭（话吧）			
公园			
游泳池			
社区广场			
社区活动中心			
图书馆（室）			
网吧			
理发店			
洗衣店			
社区服务中心			
家政服务中心			
残疾人协会			
物业管理中心			